U0165830

圖說

ILLUSTRATED SCIENCE & TECHNOLOGY

電子書&數位閱讀

潘奕萍 著

書泉出版社 印行

圖說電子書與數位閱讀／潘奕萍著－－初版. －－臺北市：五南, 2011.11

面； 公分. －－（圖說科學系列；3）

ISBN 978-986-121-717-8（平裝）

1.電子出版 2.電子書

487.773 100020116

ILLUSTRATED SCIENCE & TECHNOLOGY ③

圖說科學系列③

圖說電子書&數位閱讀

作　　者— 潘奕萍
插　　畫— 霸子
發 行 人— 楊榮川
總 編 輯— 龐君豪
主　　編— 穆文娟
圖文編輯— 蔣晨晨
責任編輯— 楊景涵
封面設計— 郭佳慈
出 版 者— 書泉出版社
地　　址：106台北市大安區和平東路二段339號4樓
電　　話：(02)2705-5066　傳　　真：(02)2706-6100
網　　址：http://www.wunan.com.tw
電子郵件：shuchuan@shuchuan.com.tw
劃撥帳號：01303853
戶　　名：書泉出版社
台中市駐區辦公室/台中市中區中山路6號
電　　話：(04)2223-0891　傳　　真：(04)2223-3549
高雄市駐區辦公室/高雄市新興區中山一路290號
電　　話：(07)2358-702　傳　　真：(07)2350-236

總經銷：朝日文化
進退貨地址：新北市中和區橋安街15巷1號7樓
TEL：(02)2249-7714 FAX：(02)2249-8715

出版日期　2011年11月初版一刷

定價280元　ISBN 978-986-121-717-8

本書原書名為「圖解電子書圖書館」。

Printed in taiwan

序

人類閱讀行為已經持續了數千年，泥板、莎草紙、獸皮、銅器、竹簡都曾經是人類記事的方式，自從紙發明之後，以紙做為載體的傳播形式就成為最主要的手段直到今日。而數位時代開啓了另一項革命，它顛覆了傳統出版生態，讓印刷不再需要鉛字、讓載體不只是紙、讓傳播更快更無遠弗屆，這一切都影響著人類的生活而且持續滲透著。

數位時代雖然改變了傳播的媒介，但是人類對資訊的需求不變，仍舊重複著資訊取得、資訊管理以及資訊傳播這些活動，而這些活動正是本書要探討的主題，本書並將焦點集中在電子書相關產業，及其衍生出來的各種機會和挑戰。因此除了電子書基本介紹之外，本書也分別以出版鏈的上、中、下游及讀者、作者等角度討論如何掌握這波趨勢並且從中獲益。

由於電子書不是單純被數位化的紙本書，它可以結合多媒體和通訊技術，以更多元的方式傳遞活潑的內容，這也表示新格式和新技術如同雨後春筍，而讀者則如同霧裡看花，莫衷一是。因此讀者必須先了解電子書未來趨勢，如電子書格式之爭、各項使用者統計數據、市場規模和走勢，否則容易眼花撩亂，卻很難做出正確選擇。

其次，在各種資訊源充斥的環境中，哪些管道可以提供免費又優質的資源？哪些管道需要付費但選擇性多又便利？讀者應該注意的權利和法律責任、社會責任有哪些？本書介紹的數位平台和數位權利管理(DRM)、碳足跡等議題就是數位時代下的新課題。

我們經常以「讀者」的角度來看待出版業，事實上更多人已經開始以「作者」、「出版者」的角色掌握這波電子書浪潮所創造的機會，成功轉型成資訊供應者。不論是部落格人氣作家或是藝術創作者，現在都有無數管道讓素人也能站上數位出版的浪頭，取得過去受制於人的出版機會。本書介紹的個人出版、隨需出版(BOD)等途徑正是想成為作家的人不得不看的內容。

序

不論身為作者或讀者，知識管理都是一件重要的工作。傳統的資料管理並不適用於數位檔案，但許多人並不知道有哪些工具可以幫助我們，而本書的圖書館系列正是介紹數位資料管理的工具和特色。此處所說的「圖書館」並不是指傳統借還書的圖書館，而是透過應用軟體如EndNote, RefWorks及雲端運算技術的「資訊中心」。而「知識樹」的概念更可以讓學習變得更宏觀，達到見樹見林的目的。

台灣號稱科技島，大家應該具備與時並進的積極意識，以開放的心態了解科技趨勢，並把握新趨勢所創造的機會。本書企圖扮演敲門磚的角色，希望透過文字和插圖使有興趣的人能一窺電子書之究竟。若有人能隨著電子書產業的發展而從中獲益，那就更讓人欣慰了。

潘奕萍

2011年夏

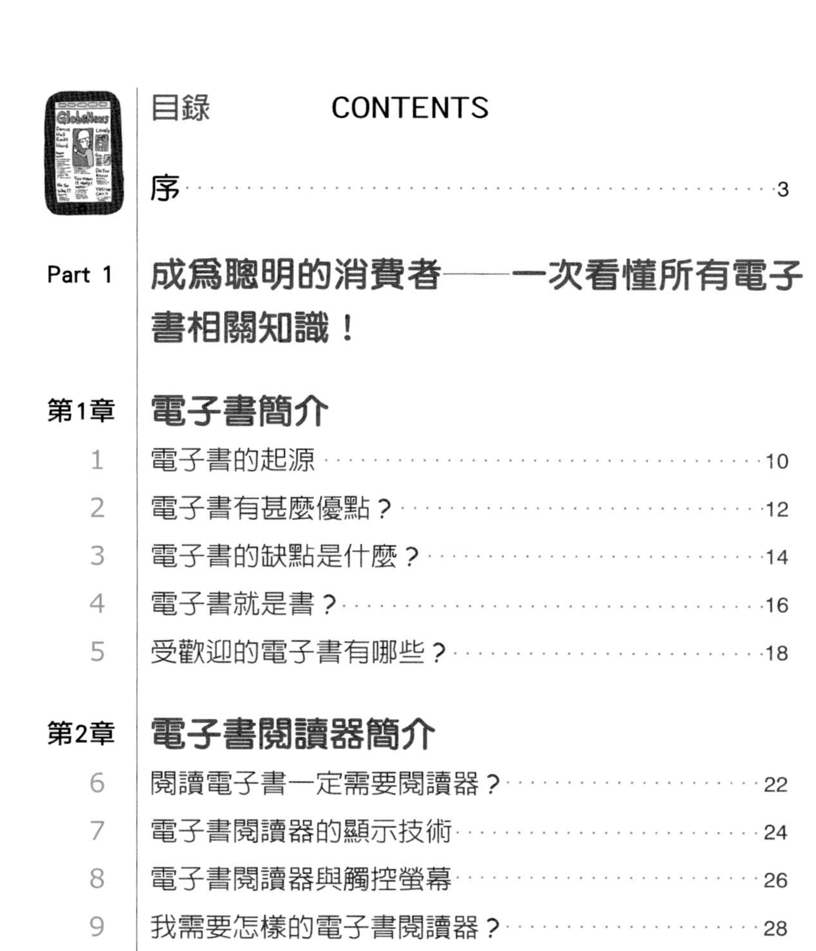

目錄　CONTENTS

Part 1

成爲聰明的消費者——一次看懂所有電子書相關知識！

圖　解　電　子　書　圖　書　館

第1章
電子書簡介

1 電子書的起源

電子書（Electronic Books或e-book、digital book）是一種數位形式的資料，簡單的說，它可視為一份電子檔案（例如PDF檔），讀者透過特定軟體（例如Adobe Acrobat Reader）以讀取檔案內容，而安裝這些軟體的裝置被稱為電子書閱讀器，它們通常是可攜式裝置例如Kindle、iPad，當然也可以是電腦、PDA、手機等。

1971年，美國伊利諾大學（University of Illinois）的麥克·哈特（Michael Hart）在實驗室花了1小時47分鐘構想出一項偉大的計畫，這項持續至今的計畫被稱為古騰堡計畫（Project Gutenberg，簡稱PG），它將公共版權（Public Domain）的書籍一字一字輸入電腦進行數位化，並免費提供大眾使用和傳播，而第一份數位化的文件是哈特構想計畫時放在背包內的美國獨立宣言（Declaration of Independence）。

古騰堡計畫目前有40餘種語言、3.2萬種公共版權的電子書可供下載，而這些書籍被分類為7個子領域或是77小類。該計畫仍不斷招募義工協助資料數位化或是錄製有聲書（audio book）。

其實「電子書」已普遍存在於我們四周，例如Google圖書就是另一項浩大的圖書數位化工程，它與世界知名圖書館合作「圖書館計畫」，又與2萬多位作者和出版公司簽訂「夥伴計畫」，使目前收錄的圖書達到七百多萬種，使用者可免費閱覽書籍部份或全部的內容，也可以下載無版權圖書至電腦或行動裝置離線閱讀；即使要稱Google是目前資源最豐富的電子書圖書館亦不為過。

時至今日，電子書的面貌也不再是單調、乏味的文字而已，援用多媒體技術後的電子書變的更吸引人，因此，當我們提到電子書時，腦海裡應該會浮現出更多樣貌，同時也更活潑的畫面。

前進

- 古騰堡計畫收錄40餘種語言的公版圖書。
- Google圖書結合了圖書館和出版社的出版品。
- 電子書閱讀器不是電子書，而是一種裝置。

認識我們手中的電子書

利用電子書學習的情景

2 電子書有甚麼優點？

隨著軟硬體技術成熟，數位出版在某些特性上凌駕了傳統出版的功能，電子書也因為具有以下優點而日益受到重視，這些優點包括：

1.輕巧、不占空間。1GB的記憶體可容納1000-1500本電子書，無須擔心圖書館或是個人藏書空間不足。若以電子書取代傳統課本，更可達到書包減重的目標。

2.環保。無油墨紙張，也無包裝運輸的消耗。

3.不需要特別建置防日曬、控制溫濕度的藏書環境。

4.內容活潑，可收錄影音、多媒體資料及互動式介面。

5.可以全文檢索，每個字都能做為關鍵字。

6.縮短圖書出版流程，校稿完成即可出版，具有時效性。

7.出版社無須負擔庫藏壓力。

8.正確性提高。尤其對於百科全書這種特殊的出版品更為有利。在過去，若款目（entry）需要更正或補充，須等待「補篇（supplement）」出版或等下一版一併修改，現在則可即時翻新。

9.個人化的設定。例如可將字體放大，適合老人閱讀。也可以中文繁簡轉換、線上翻譯等。

10.取得容易。不論何時，讀者都能在網路書店購買電子書，或向圖書館借閱電子書。

Wiki的創辦人曾為Wikipedia辯護，他指出每個大部頭出版品都免不了出錯，但重點是數位出版品可以立刻改正，而傳統印刷品卻做不到這一點，這也點出了數位出版的魅力之一。

上面提到電子書的種種優點已經讓人相當心動了吧！那麼是不是應該趕快加入電子書擁護者的行列呢？

前進

- 電子書可以突破時、空限制，傳播無遠弗屆。
- 數位出版可接納更多元、活潑、互動的內容。
- 可依個人喜好設定顯示方式，適合更多人閱讀。

豐富多彩的影音是數位出版的魅力所在！

電子書的優異點介紹

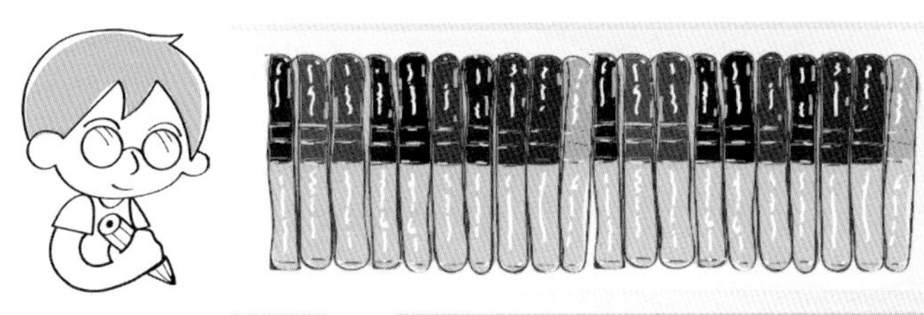

- 輕巧、大容量
- 不變質、不脆化
- 節能減碳
- 內容多元
- 方便檢索
- 出版快速
- 無庫藏壓力
- 更新速度快
- 個人化設定
- 透過網路下載

顛覆傳統閱讀方式的革命性變化

3 電子書的缺點是什麼？

既然電子書有這麼多的優點，那麼它的出現應該立刻蔚為風潮，但為什麼電子書或電子雜誌的普及率還是不夠高呢？顯然它也有許多讓人觀望之處。

1.專用閱讀器價格偏高，目前較普及的Kindle為139美元，Nook為149美元Nookcolor為（249美元），而彩色螢幕的iPad則高達499美元之譜。硬體的價格就讓許多讀者寧願繼續購買紙本圖書。

2.印刷書籍只要翻開就可立即閱讀，但電子書閱讀器卻需要學習操作，與傳統閱讀習慣不同，許多讀者會產生抗拒的心態。

3.許多讀者在購買「書籍」時仍舊相當在乎實體資料的紙質和手感，而非僅考慮內容。

4.目前市面上已出版的繁體中文電子書，數量遠不及西文甚至簡體中文電子書，選擇性不夠。

5.許多電子書缺乏註記、畫線、快速刷新頁面等功能。

6.版本相容的問題。目前常見的電子書有AZW、BeBB、CHM、DOC、ePub、HTML、PDF、pdb、TXT等格式，而某些閱讀器又僅支援單一或少數特定格式，造成讀者觀望，等待主流格式出線。

7.許多人質疑電子書閱讀器容易引起眼睛疲勞。

8.電子書容易複製、傳播，進而侵蝕出版者獲利，造成電子書出版意願不高，而消費者則因電子書數量不多而降低購買意願，兩者形成惡性循環。

9.大尺寸的圖籍資料不適合在PDA、手機等小尺寸裝置上瀏覽。如數位報紙，它的排版方式仍舊是以傳統對開四版為設計基準，而這種排版並不適合數位閱讀的習慣，需要另外設計新版面。

前進

- 紙本閱讀的習慣不是一朝一夕可以改變。
- 檔案格式不一、使用限制過多，讓消費者卻步。
- 閱讀器的價格太高，短時間無法普及。

電子書格式市占率

William Wells Brown所著的 '*Clotel*：*or, the President's Daughter*' 一書，在古騰堡網站有多達6種檔案格式可供下載。

Computer-Generated Files			
Format	Encoding[1]	Size	Download Links
EPUB (experimental)		151KB	main site
HTML (experimental)		342KB	main site
Unicode Plain Text (experimental)		331KB	main site
Mobipocket (experimental)		217KB	main site
Plucker (experimental)		190KB	main site
QiOO Moblie (experimental)		190KB	main site

由下圖可以發現超過半數的電子書都採用PDF檔格式

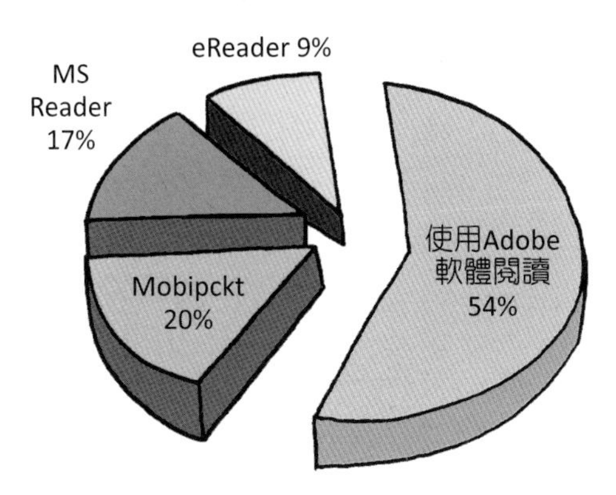

資料來源：bookson board (2009)

4 電子書就是書？

電子書如果只是被數位化的文字和圖片，那麼就小看了它的範圍。廣義的說，我們可以把「書」當作傳達訊息的媒介，透過這個媒介讓想要學習知識、取得資訊或休閒娛樂的人得到滿足。例如大家比較熟悉的「有聲書」正是廣義電子書的代表。

以下這些資源都可以視為「電子書」的一種。過去這些電子書曾經採取錄音帶、錄影帶、廣播電視等形式呈現，現在多為光碟及可網路購買、下載的電子檔。

1. 有聲書：常見的有廣播教學、有聲故事書、線上朗讀課程等。對於學習外語者、視覺障礙者、開車族、兒童啓蒙等都有吸引力。
2. 視訊影片：較嚴肅的影片如空中大學教學影片，休閒的如Discovery頻道的史前文化介紹等，其它尚有幼兒學習的芝麻街美語教學影片等，都可算是廣義的電子書。
3. 遊戲書：有互動功能的電子書，它可以線上問答、線上實作。另外，某些小說可讓讀者在劇情轉折處做出選擇，而故事會隨著選擇而有不同的發展。
4. 電子點字書：傳統紙本的點字書相當重，而且十分占空間，同時有使用次數愈多損壞愈嚴重的困擾，現在則發展了電子點字書，透過「觸摸顯示器」就可以閱讀，不但有雜誌、圖書的電子檔，還有地圖這類圖形點字書等。
5. 數位地圖：過去的地圖集都是印刷品，而且常常需要多種版本以滿足不同需求，例如登山需要登山地圖和等高線圖；同時又擔心資料不夠新穎。但是透過數位化和雲端存取、衛星定位等等技術，地圖變得立體、更活潑，同時也能即時更新。

前進

- 電子書的特色之一是突破紙本印刷的限制。
- 有聲書、電子辭典是常見的電子書。
- 電子書可滿足許多小眾需求。

電子地圖的樣子

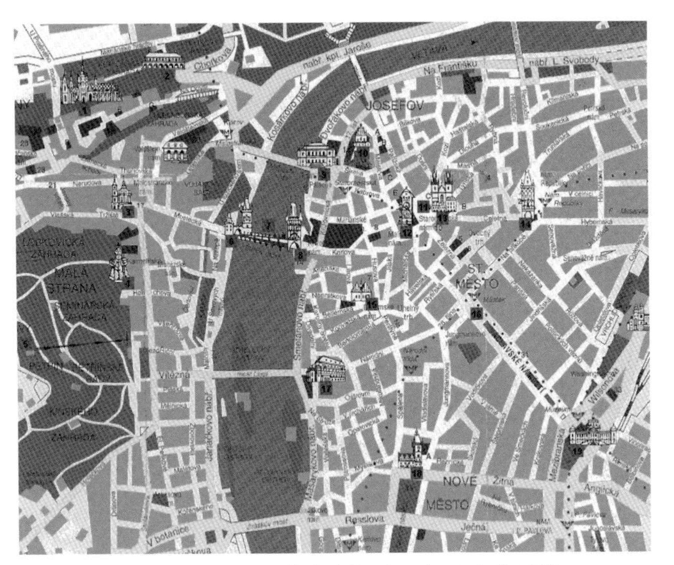

過去的地圖為平面式，更新速度較慢，無法實景瀏覽。

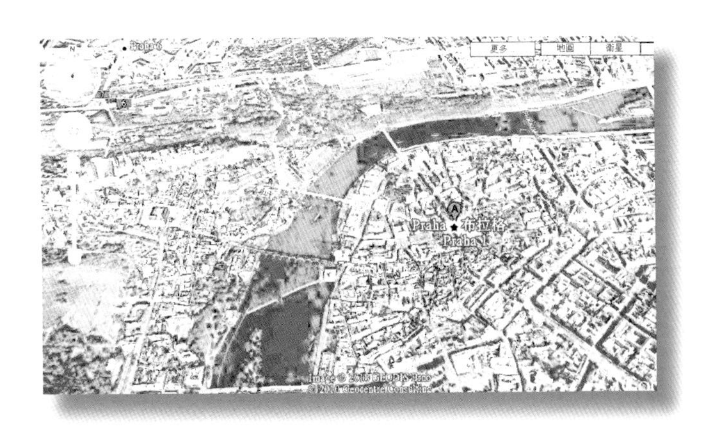

現在的地圖不但可以觀看實景空照圖，還有3D立體及互動功能，例如輸入起迄點，互動地圖會針對步行或開車、或搭乘大眾交通工具的不同，自動計算距離並建議最佳路線。

5 受歡迎的電子書有哪些？

最早被各圖書館購入的電子書多為參考工具書（Reference Book），例如百科全書、字辭典、名錄等。這些資料不像小說，不需要全文閱讀，只要能夠快速查詢所需的款目（entry）即可，讀者對於參考類的電子書接受度和滿意度是最高的。

美國目前有5,400家公共圖書館提供電子書借閱以及有聲書下載服務，雖然與紙本書相比，電子書的數量還是微不足道，但是不論是藏書空間、便利性、環保等考量等都讓電子書成為必須採購的資源。雖然電子書的優點擺在眼前，但與同樣是數位資料的電子期刊相比，電子書的使用率幾乎只有電子期刊的一半。

因為大部分的人還是習慣將數位資料列印出來閱讀，調查發現，大學師生利用電子期刊時，幾乎所有人都有將資料下載後先列印再閱讀的習慣。但許多圖書館的電子書並不允許讀者下載到硬碟也不可以列印，就算可以列印，也鮮少有人願意用印表機印上數百張資料以閱讀一本書，與其如此，不如直接購買紙本書籍來的有經濟效益、便利且美觀。

最適合電子書的題材還是以小說、漫畫為主，而學術類的教科書、研究論文等資料，讀者多會選擇列印之後才開始詳讀。同時另一項調查顯示，圖書館提供的數位資料愈多，所需要的列印設備也愈多。換句話說，如果讀者的閱讀習慣沒有改變，即使出版社和圖書館提供再多的電子資料，讀者還是會轉換為紙本型態再利用。

至於電子童書也是受到歡迎的題材，除了有彩色螢幕與互動功能之外，還有遊戲、音樂、朗讀、影片的播放功能，可引起兒童的好奇心和興趣，加上兒童尚在培養閱讀習慣的階段，對新媒體的接受度高、學習力強，因此電子書市場也一定少不了這批生力軍。

前進

- 電子書適合不需要詳讀、註記的資料。
- 休閒讀物和地圖資料很適合製成電子書。
- 結合文字和影音的多媒體童書相當受歡迎。

電子書優於傳統沉重的紙本書

漫畫和輕小說最受市場歡迎。

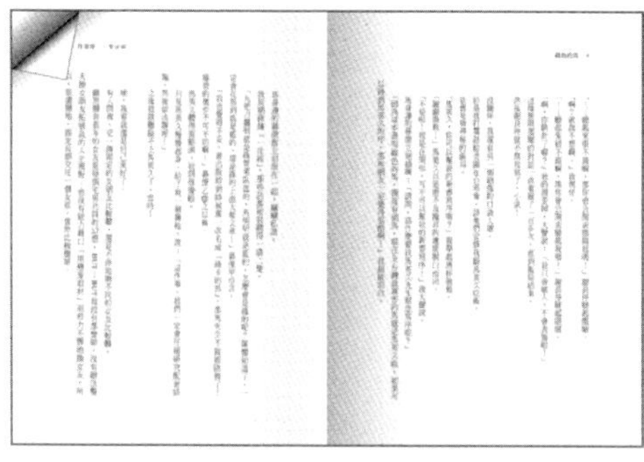

VS

DESALINATION

ELSEVIER

Characteristics of thin-film nanofiltration membranes at various pH-values

Szabolcs Szoke, Gyorgy Patzay*, Laszlo Weiser

電子書的使用率約為電子期刊的一半。

a·li·en (āʹlē-ən, ālʹyən)

adj.

1. Owing political allegiance to another country or government; foreign: *alien residents.*
2. Belonging to, characteristic of, or constituting another and very different place, society, or person; strange. See Synonyms at foreign.
3. Dissimilar, inconsistent, or opposed, as in nature: *emotions alien to her temperament.*

n.

1. An unnaturalized foreign resident of a country. Also called *noncitizen.*
2. A person from another and very different family, people, or place.
3. A person who is not included in a group; an outsider.
4. A creature from outer space: *a story about an invasion of aliens.*
5. *Ecology* An organism, especially a plant or animal, that occurs in or is naturalized in a region to which it is not native.

tr.v. **a·li·ened, a·li·en·ing, a·li·ens** *Law*

To transfer (property) to another; alienate.

工具書的內容並不適合從頭到尾逐條閱讀。

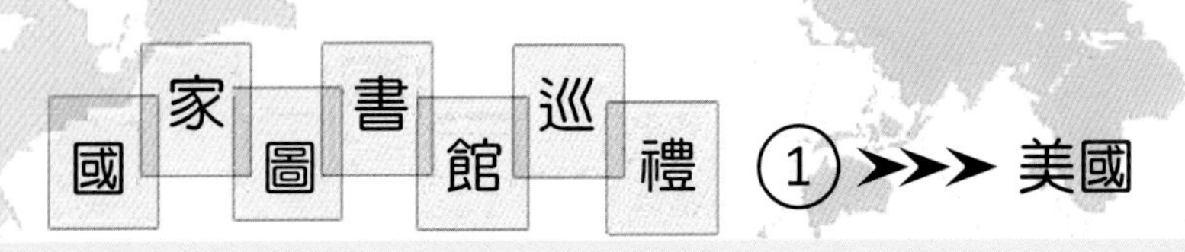

美國共有四所國家級的圖書館，不論是館藏量或影響力都具有舉足輕重的地位：

美國國會圖書館（簡稱LC）成立於1,800年，目的是保存各種與政治、法律有關的資料以幫助國會成員迅速查詢各種資訊。時至今日，國會圖書館收錄的資料範圍廣泛，並成為世界最大的圖書館，館藏量達到1.5億件，包括 6,300萬份手稿以及珍善本書（rare book），僅中文館藏即達百萬冊，同時還收錄許多非書資料（Non-book materials）。

美國國家醫學圖書館（簡稱NLM）隸屬於美國國家衛生研究院(NH)。以收錄醫學及相關科學的資料為主，目的在於協助醫學研究，並負責資訊的傳播和交換以促進醫學研究發展。NLM共收錄1,200萬件館藏，是全世界最大的醫學圖書館，本圖書館亦對公眾開放服務。NLM特別針對醫學資料的特殊性制定NLM Classification (NLM 圖書分類法)與一般書籍採用美國國會圖書館分類法（LCC）有所區別。

美國國家農業圖書館（簡稱NAL）收錄與農業有關的各種資料超過600萬件，包括動植物相關技術、化學、農業工程、法規、歷史、貿易等，並提供館際合作，一年的服務件數約為8千萬件，是全球最大的農業圖書館。

美國國家教育圖書館（簡稱NLE）隸屬於聯邦政府教育部，主要任務在於保存各種教育資訊，提供教育相關的諮詢服務，不論是專業人員或一般大眾皆可利用。並透過科技將全國教育機構加以連結，成為國家教育資源網路。與上述三所國家圖書館相比，NLE的資源和編製明顯遜色許多。

第2章

電子書閱讀器簡介

圖 解 電 子 書 圖 書 館

6 閱讀電子書一定需要閱讀器？

電子書相關話題炒得沸沸揚揚，甚至很多人以為討論「電子書閱讀器」就等於討論「電子書」，其實這是硬體和軟體的區別，不可混為一談。事實上，筆記型電腦、PDA、手機等都可以開啓電子書檔案，只是這些裝置各有不同的優缺點。

首先必須釐清的是：閱讀器的主要功能在於「閱讀」，而不是「運算」，因此它們的目的、優勢和尺寸都不同。例如電腦具有強大的運算功能，可以安裝多種應用程式進行多工處理，但是重量和體積是讓人無法隨身享受的理由。至於PDA和手機則因為畫面太小，影響內容的呈現效果，同時電池續航力也是重要關鍵。

閱讀電子書當然不一定需要電子書閱讀器，以圖書館提供的電子書為例，幾乎都是利用電腦即可閱讀的版本，有些是利用瀏覽器開啓，有些則需下載專用閱讀軟體。但除了學生之外，很多人是在客廳沙發、等車通勤空檔、咖啡廳等場所閱讀，因此利用電腦閱讀電子書不夠隨興，即使筆記型電腦可以隨身攜帶，但可供閱讀的空檔愈短，愈無法忍耐開機的耗時。手機和PDA具有開機迅速、彩色螢幕的優點，同時可以上傳、下載資料，非常適合電子書的推廣，但是耗電量大、畫面太小則是最大的致命傷。

自從iPad推出後，許多人開始討論手機、電子書閱讀器和筆記型電腦之間是否存在另一種新產品的空間，因為電子書閱讀器的單價並不便宜，而功能強大的iPad一出現，立刻讓閱讀器開始調降售價，甚至有人預言電子書閱讀器可能會複製手機的銷售模式，以綁約方式甚至最低至0元就能取得，市面上已經出現類似iPad的產品，至於不斷發表新功能的平板電腦也相當值得衆人期待。

前進

- 閱讀器的主要功能是閱讀而不是運算
- 可閱讀的時間愈短，愈無法忍耐較長的開機時間。
- 圖書館的電子書多以電腦可開啟的格式為主。

電子閱讀器的功能在於「閱讀」，而非「運算」！

各種閱讀器搶占不同的客層

雙螢幕平板電腦，既可當作電腦，也可以展開當作雙頁閱讀的閱讀器。

依據版面大小，調整閱讀方向。

7 電子書閱讀器的顯示技術

很多人在選擇閱讀器時，除了希望能夠複製紙本閱讀的優點之外，還希望能夠結合數位技術的特長，讓閱讀體驗成為一種享受。因此各家閱讀器廠商無不使出渾身解數在質感和配備下足功夫。

以**LCD**（Liquid Crystal Display, 液晶顯示）螢幕做為閱讀介面的閱讀器可以用鮮艷的色彩豐富視覺感受，如同電視或電腦畫面一樣，相當適合快速換頁及動態顯影。但缺點是耗電量高，可能一本書還沒讀到一半就必須充電，對於出門在外想要長時間閱讀的人來說是一大缺點，而且LCD背光源容易使眼睛疲勞，因為在光線不足的地方會顯得刺眼，在光線太強的地方又看不清楚，需要用手遮擋光線或調整亮度。

採用電子墨水（e-Ink）技術的電子紙式閱讀器則剛好相反，由於它透過電荷感應技術讓灰階粒子或彩色粒子在兩片軟性基板間排列出文字或圖片，一旦顯影完成就不需要電力維持影像，僅換頁時才耗電，因此相當節能，適合長時間閱讀。由於不像LCD採用背光模組顯影，所以眼睛也比較不疲勞。缺點是頁面更新速度仍不夠理想。與傳統紙張翻頁速度無法相提並論。

除了顯影技術之外，同時支援直式及橫式排版的閱讀器也值得參考。一般電腦螢幕都是橫式螢幕，雖然橫式螢幕適合多工作業（multi-task）及影片播放，但較不利於閱讀，若是挑選配備重力感知器、能讓螢幕自動旋轉的電子書閱讀器，就能將各種精美排版的巧思盡收眼底。

另外，雙螢幕的電子書閱讀器也是另一種吸引力，有些採用一彩色、一灰階的搭配，有些則配備了觸控式螢幕，讀者在購買前可事先多比較，並仔細檢視個人需求。

前進

- 電子紙以複製紙本閱讀的感受為主。
- LCD顯示技術比較能夠表現數位資料的活潑。
- 待機時間和眼部舒適度是選購時應考慮的要素。

各種電子閱讀器比較表

	iPad	Kindle 2	Nook	n-Reader
品牌	Apple	Amazon	Barnes &Noble	BenQ
顯影技術	LCD	電子紙 e-Ink	電子紙 e-Ink + LCD	電子紙 SiPix
彩色／灰階	彩色	16灰階	16灰階+彩色	16灰階
螢幕尺寸（吋）	9.7	6	主螢幕：6 次螢幕：3.5	6
尺寸（吋）	9.56 x 7.47 x 0.5	8 x 5.3 x 0.36	7.7 x 4.9 x 0.50	6.89x 4.8 x 0.43
重量(g)	680/730	290	340	248
解析度	1024 x 768	600 x 800	600 x 800	600 x 800
容量	16-64GB	2GB	2GB（可擴充）	2GB（可擴充）
支援電子書格式	ePub, PDF, Kindle (Kindle app)	azw, PDF, MOBI	ePub, eReader, PDF, PDB	ePub、PDF、HTML、TXT
內建網頁瀏覽器	是	否	否	是
觸控面板	是	否	是(次螢幕)	是
多媒體	audio + video	audio	audio	audio
電池續航力	10-12小時	4天(註)	4天(註)	42小時(註)
價格（USD）	499-829	139~	149-199	
連線方式	WiFi / 3G	3G	WiFi / 3G	
連線費用	要	無	無	
特色	可至Apps線上商店下載並執行多種應用程式	具有Text-to-Speech語音朗讀功能	部分電子書可借給他人使用	

部分取材自http://ipod.about.com/od/ipadcomparisons/a/comparing-ipad-kindle-nook.htm

註：閱讀電子書時僅翻頁才耗電，但開啓網路功能（例如瀏覽網頁或下載電子書）則增加耗電量。

8 電子書閱讀器與觸控螢幕

除了耗電量、待機時間、連線功能和畫質等要素之外，觸控螢幕所採用的技術也影響著界面美感和順暢度。觸控螢幕省去按鍵、旋鈕，讓閱讀器的外觀更簡潔，也讓輸入功能由傳統鍵盤式的文字輸入進化成手寫和繪圖。這表示年長者可以透過手寫取代輸入法、兒童可以自由的畫畫、學生可以任意的畫線、寫筆記，因此成為最熱門的人機介面。

目前發展的觸控技術，以電阻式、電容式、電磁式最常見。以下為這三種技術的簡介。

1. 電阻式（resistive）：電阻式觸控螢幕為感壓式，透過上下兩組導電層的接觸而測知接觸點的位置。因採用PET、PEN等軟性塑膠基板，所以重量較輕，製作成本最低，但螢幕怕刮，必須用手指按壓或其它不傷螢幕的書寫筆。常見的有PDA、信用卡簽名機、POS（point of sale）收銀系統、點餐系統等。
2. 電容式（capacitive）：iPhone和iPad是採用電容式觸控螢幕的代表，特點是用手指即可操作，例如在iPhone上看照片只需手指輕滑面板，流暢度高，產品壽命較長，使用評價也佳，但是製作成本較電阻式高，薄玻璃（thin glass）面板加重產品重量，同時也較怕摔。這類螢幕常見於許多大型公共導覽系統。而BenQ電子書閱讀器nReader亦採用電容式觸控技術。
3. 電磁式（electromagnetic）：電磁式觸控技術是透過電磁筆發射訊號再藉由天線板接收訊號以定義位置，市面上的繪圖板及平板電腦（Tablet PC）多採用這種技術。電磁式觸控技術的優點在於書寫流暢，還可感應力道、傾斜度而調整線條粗細、濃淡，靈敏度高，不但可在電子書的閱讀過程中進行註記、畫線，還可以臨摹、習作，缺點是成本較高。

前進

- **常見的觸控技術有電阻式、電容式與電磁式。**
- **智慧型手機多採用電容式觸控技術。**
- **能夠畫線、做筆記是許多「用書人」的基本需求。**

平面顯示器的種類

POS收銀系統

戶外型數位電子看板

電阻式

電容式

電磁式

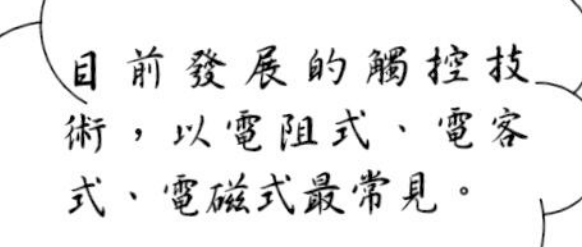

9 我需要怎樣的電子書閱讀器？

數位內容需要閱讀裝置來呈現，因此在選購電子閱讀器時最好先檢視個人的習慣及需要、財力，並了解閱讀器的特點和附加功能。資策會（2009/12）曾針對「上班族」和「學生」這兩個族群做過一項面對面訪問，以了解消費習慣及對電子書閱讀器未來發展的影響。

調查發現，除了上班族「聽過」電子書閱讀器的比例高過學生族之外，學生每月購買和閱讀圖書的冊數都高過上班族，用電腦閱讀的習慣也較高，將來也較有意願購買電子書閱讀器。「畫面大」（5-9吋）的閱讀器比較吸引上班族，而「便於攜帶」（4-7吋）則較受學生族群青睞。

超過五成以上的受訪對象對於購買閱讀器產生遲疑的首因皆是「價錢太貴」，理想價格為5,000-7,000元左右。至於數位內容的計價方式則都偏好「以量計價」，其中學生對於「單本計費」的支持度稍高於「收取固定月費」，而上班族群則剛好相反。

除了資策會的研究可供參考之外，華語族群的使用者還應該注意閱讀器是否支援繁體中文、中文直排等特性。此外閱讀器能搭配的電子書平台、電子書的價格、購買的便利性、書籍種類是否豐富、上架是否即時等都是值得考量的因素。

其實，學生們人手一台的電子詞典也可說是電子書的一種，市面上有最陽春的純文字版本，也有真人發音、影音互動的進階版，它們都屬於「電子書」的範疇，性質上則屬於「參考工具書」。

無論閱讀器的優、缺點為何，追根究柢圖書的銷售對象還是喜愛閱讀的人，無法滿足於單純閱讀的讀者可考慮支援多工處理（例如同時閱讀及播放音樂）的機種，或者選擇平板電腦這類功能較多的產品。

前進

- 電子書閱讀器的價格是讓消費者卻步的主因。
- 購書平台常與電子書閱讀器合作，互相支援。
- 不同的生活形態所需要的閱讀器特性也不同。

上班族與學生族對電子書閱讀器需求不同

類　別	學生族	上班族
提供版面（如背景、字型）選擇	41.7	51.2
真人發音朗讀內容	39.6	46.2
加入註記（Note）和標記	32.2	29.5
提供書籤（bookmark）功能	36.5	33.8
結合音訊、視訊等多媒體方式呈現書籍內容	39.8	36
全文檢索或索引功能	29.6	39.1
可同時瀏覽兩個頁面	24.6	24.4
書籍分類收藏功能	27	20.9
不知道	2.8	1.1

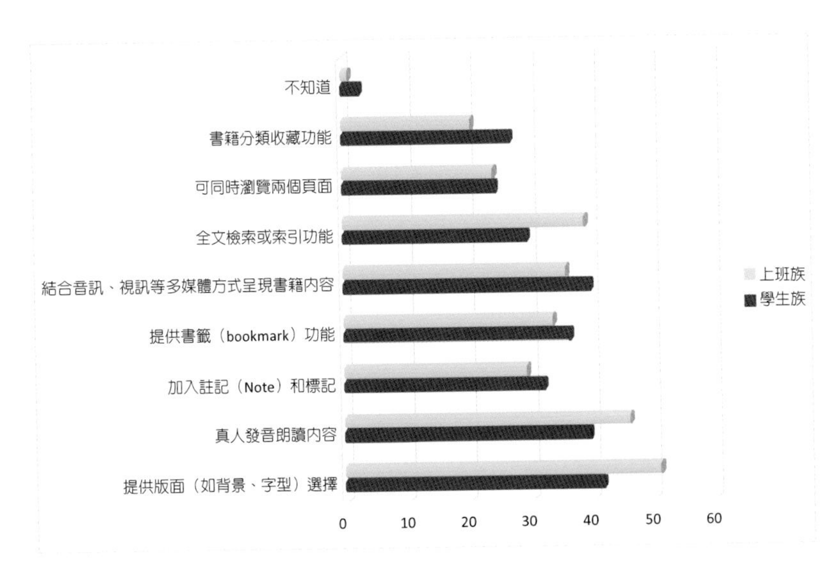

資料來源：資策會 FIND

10 電子書的格式之爭

很多人把電子書格式之爭比喻為HD DVD與Blu-Ray光碟片的格式之爭，或是「錄影帶」時代，VHS與Betamax的存亡之爭，為什麼電子書格式會有這麼重要的利害關係？

壟斷的利益：以全球最大的電子書供應商亞馬遜（Amazon）為例，它開發了Kindle閱讀器並以封閉格式.azw做為標準格式。由於作者都希望出版品能夠在亞馬遜銷售以獲得龐大消費者的青睞，因此必須同意採用.azw格式出版；而讀者也因多數出版社以.azw格式出版，因此決定選購Kindle電子書閱讀器，這就是挾帶優勢取得利益的例子。

排版的需要：以.txt格式為例，這種格式的電子書只有文字，雖然檔案小，但相當單調。而.pdf允許圖文並列，可以插入超連結及嵌入多媒體，圖文配置不會隨著螢幕尺寸變形，可以保留排版設計的原樣，但是檔案大，換頁耗時，而且.pdf的圖文位置已經固定，不允許自動斷行，不論螢幕是4:3或是16:9都只有一種排版。換句話說，各種格式都有其優、缺點，目前尚未出現完美的解決方案。

版權的保護：就如同歌曲、電影所面臨的困境一樣，數位出版品總是因為複製容易、傳遞迅速的特點導致急速侵蝕獲利。為了保障利潤，電子書格式也分擔著對抗盜版的責任，出版者會選擇能夠支援數位權利管理（Digital Rights Management, DRM）的格式出版電子書，藉以限制消費者複製或散布電子書。

2007年9月由國際數位出版論壇（IDPF）所制定的開放式電子書標準ePub（Electronic Publication）已逐漸成為主流，Google與Sony也已經決定選擇ePub格式作為電子書的標準。由兩大企業的決定，也許我們可以從中看出未來大趨勢的端倪。

前進

- 不同的格式對於檔案大小、版面設計有決定性影響。
- 出版社傾向於能夠支援數位權利管理的格式。
- 由IDPF制定的ePub格式已具主流之姿。

電子出版品的電子檔格式

	DRM保護	支援圖檔	支援音訊	互動功能	文字斷行	開放標準	註解筆記
.azw	☺	☺	-	-	☺	-	☺
.epub	☺	☺	-	-	☺	☺	-
.exe, .chm, .hlp	☺	☺	☺	☺	-	☺	☺
.html	-	☺	-	-	☺	☺	-
.lrf, lrx	☺	☺	-	-	☺	-	-
.pdb	☺	☺	-	-	☺	-	☺
.pdf	☺	☺	☺	☺	-	☺	☺
.prc, .mobi	☺	☺	-	-	☺	☺	☺
.txt	-	-	-	-	☺	☺	-

資料來源：資策會 FIND

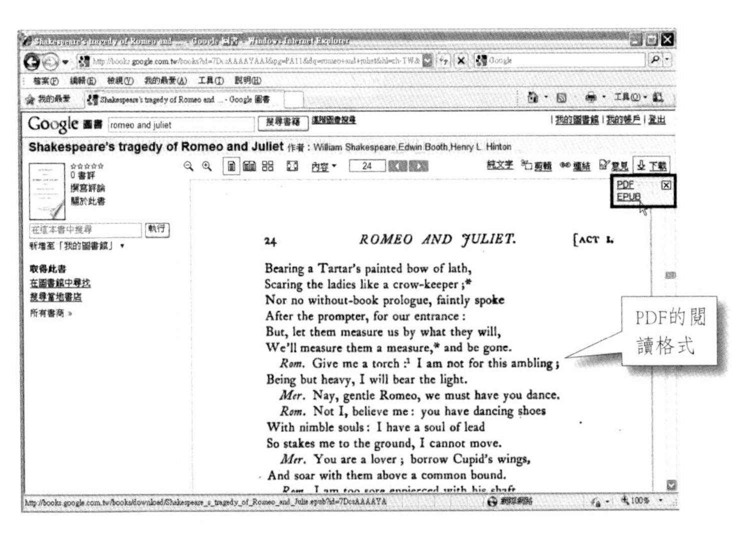

部分Google Book公版圖書同時提供PDF格式及EPUB格式下載

11 ePub格式簡介

ePub是開放式電子書標準，以XHTML和CSS語法撰寫內容和版面，就好比一般網頁可以自動調整圖文配置（reflowable），可依據閱讀器畫面大小重新編排版面（re-sizable），即使在不同的裝置上閱讀也能呈現較好的閱讀效果。對於一些非常講究精確排版的資料，則以.pdf這種固定文字大小、圖文配置的格式比較能夠確認排版品質，而ePub較適合文字類型的電子書。

ePub格式建立在國際數位出版論壇（International Digital Publishing Forum，IDPF）所制定的3項開放式標準上，分別是Open Container Format（OCF）、Open Packaging Format（OPF）以及Open Publication Structure（OPS），ePub的缺點在於不支援中文直排，就像我們常見的網頁一般。

ePub電子書依據作業系統的不同，常用的閱讀程式有：

作業系統	閱讀程式	
Linux	FBReader	Calibre
	Lovely Reader	Okular
	dotReader	
Mac OS	Adobe Digital Editions	FBReader
	Adobe InDesign CS5	Calibre
	Lexcycle Stanza Desktop	Okular
	Lovely Reader	
Windows	Adobe Digital Editions	FBReader
	Adobe InDesign CS5	dotReader
	Lovely Reader	Calibre
	Lexcycle Stanza Desktop	Okular
	Mobipocket Reader Desktop	

前進

- ePub語法與撰寫網頁類似，不利於中文直排。
- ePub格式可自動調整圖文配置與文字斷行。
- ePub也支援數位權利管理。

以不同閱讀軟體開啟ePUB格式外觀

本頁的畫面是由不同的閱讀軟體開啟同一個ePub格式資料的外觀。

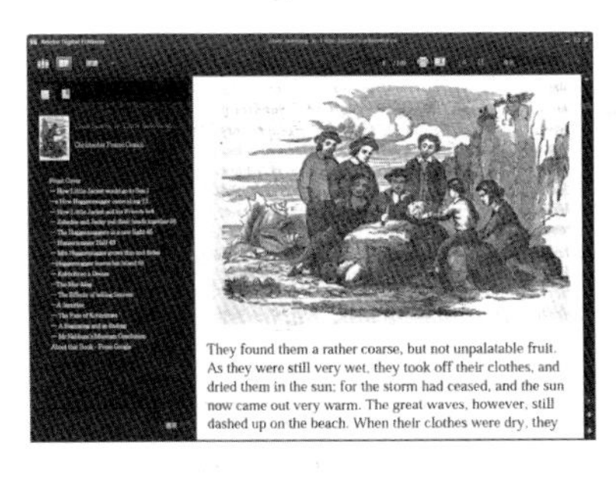

Adobe
Digital
Editions

BReader

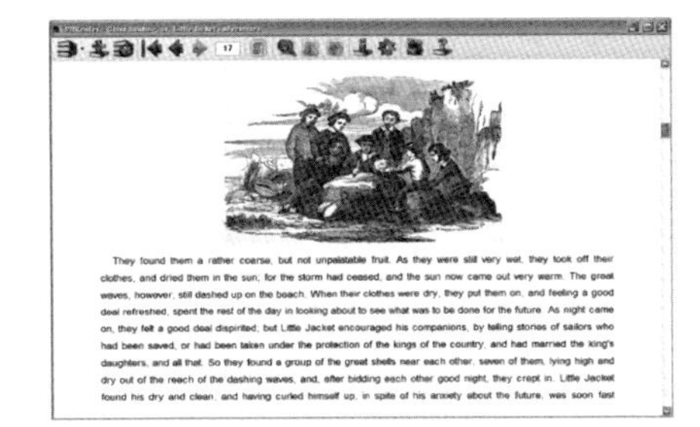

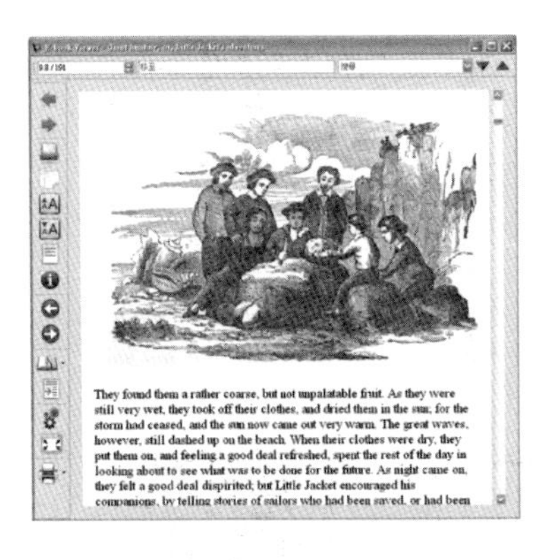

Calibre
E book
Viewer

由於ePub支援數位權利管理（DRM），因此也成為廣受出版社採用的格式之一。

12 著作財產權與數位權利管理DRM

保護創作利益才能激起更多人貢獻自己的才藝和知識。以美國為例，個人著作財產權的保護是著作人生存期間再加70年至該年底，而法人著作財產權則由出版開始保護95年至該年底，或創作開始120年至該年底（取較短者）。我國著作權法規定「著作人之生存期間及其死亡後50年」，法人著作財產權則保護至「著作公開發表後50年」。

法律雖然保障了著作人的利益，然而數位產品的複製和傳播速度驚人，因此必須透過數位權利管理的技術自保。此類技術是在數位產品中加裝軟體以進行鎖碼或限制以下幾種活動：

1. 限制在特定的播放器或閱讀器中使用
2. 限制使用的次數
3. 限制複製或安裝的次數
4. 限制傳輸的次數
5. 限制使用的期限
6. 限制輸出的品質（加入浮水印、雜訊等）

種種管理手段都在降低使用者對數位財產的流通能力。2007年5月之前，Apple在iTunes商店賣出的每一首音樂作品都嵌入DRM軟體（稱為FairPlay），因此這些音樂只能在5台授權電腦上被使用；5月之後以EMI唱片公司為首，許多音樂及MV開始採用DRM-free的銷售模式。然而，Apple對於電子書的銷售卻又不採用DRM-free的模式。

其實要不要採用DRM「防盜」須視付出的成本和維護的利潤是否成比例，一本電子書的售價遠比一首音樂還高，要一首音樂付出與書本同等的費用，則明顯有失比例。有時DRM反而變成一道門檻，讓不支援DRM的硬體（如mp3 player）無法向正版網站購買內容，轉向其它途徑尋求，反而錯失商機。

前進

- 保護著作財產權才能鼓勵創作。
- 數位權利管理限制了數位出版品的流通能力。
- 數位權利管理的成本會轉嫁到消費者身上。

數位權利管理的應用

被授權使用的內容

被授權使用
的對象

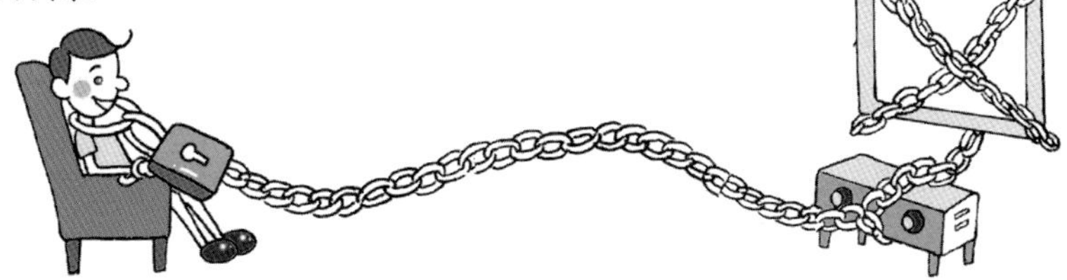

被授權使用的次數

被授權的播放器

複製

其它
格式

其它
播放器

分享

傳輸

讀者要遵守數位權利保護

13 電子書一定比較便宜？

也許有人會想：電子書不就是把原本應該印刷的文字數位化，然後讓讀者購買？若扣除印刷、運輸等費用，電子書的成本應該很低吧？現在就讓我們檢視一下書籍的出版成本包含哪些項目。

1. 著作者的成本：撰稿、翻譯、插圖、照片使用權、審查、校稿等費用。
2. 行政作業的成本：人事行政成本、辦公室、設備成本等。
3. 印刷通路的成本：倉儲物流、印製、店鋪上架費等。

我們可以看到，製作電子書確實可以節省「倉儲物流」的成本，而印製費用實際僅占圖書定價1-3成左右。至於「作者」和「行政作業」的費用則不會因內容數位化有所減少。

而且就算使圖書數位化，還是必須支付所謂的「書籍上架費」，如同過去陳列在實體通路時需支付給誠品書店、邦諾書店，刊登在虛擬書店的圖書則必須支付給博客來、亞馬遜等網路書店，而這項支出占售價相當大的比例，一般介於25～50%。

另外，電子書有許多不同的格式，例如ePub及pdf等，為了能夠銷售給更多的讀者，許多出版社對於同一本書推出不同格式的電子版本讓讀者選擇，因此出版社勢必要花費更多的轉檔、排版成本才足以應付不同通路的要求。

未來電子書內容也會增加許多傳統書籍所缺乏的功能，例如結合影音多媒體、線上學習、互動功能等，這些都會增加過去沒有的支出，換言之，隨著新功能的推陳出新，電子書也會調整至一個合理的價格。由以上討論可知，電子書的優勢並不是在售價，而是全新型態的「新讀物」。

前進

- 出版電子書無法省下人事行政及稿費等成本。
- 電子書上架銷售一樣需要支付上架費用。
- 電子書將出現紙本沒有的功能，製作成本也提高。

圖書出版所需支付的費用比較

	傳統出版	數位出版	備註
作者	有	有	
行政	有	有	
上架	有	有	
原料印刷	有	無	僅占定價1-3成左右
倉儲物流	有	無	

2008年圖書出版業者之支出比例

項目	百分比
印刷費用	24.8
薪資費用	21.3
版稅	15.1
編輯相關費用	12.6
其他圖書出版相關營業費用	7.1
行銷費用	6.7
重要直接費用	4.2
非圖書出版相關總支出	3.5
折舊費用	2.1
其他非營業支出	2.5
總計	100.0

資料來源：圖書出版業量化調查

電子書的製作成本真的會比較便宜嗎？要依據電子書內容呈現方式的不同而變化。

國家圖書館巡禮 ② >>> 英國

英國的國家圖書館共有三所，最知名的就是大英圖書館（The British Library），該館於1973年7月1日以此名稱成立，而其前身是數所圖書館及書目公司。

提到館藏，大英圖書館收錄了1,400萬件圖書，92萬種期刊報紙，以及5,800萬件專利資料、300萬件影音資料等等，並以每年300萬件資料的速度不斷增加館藏。若以時間來看，該館收藏的最古老資料為3,000年前中國的甲骨文。

大英圖書館的「文獻供應中心」（British Library Document Supply Centre，簡稱BLDSC）是館際合作的窗口，也就是對外提供資料的部門，不論是英國國內的讀者或是其他國家的讀者都可以透過館際合作向該中心申請文獻傳遞。例如我國的國家圖書館和台灣大學圖書館即與BLDSC合作，讀者可向該中心申請複印學位論文、灰色文獻或是借閱圖書。

除了大英圖書館之外，尚有蘇格蘭國家圖書館（National Library of Scotland），以及威爾斯國家圖書館（National Library of Wales）屬於國家圖書館。由於非英格蘭地區擁有官方語言以外的方言做為母語，各地區為了保存自己的文化，對於文獻、影音資料也特別盡力徵集和保存。蘇格蘭國家圖書館屬於大型的研究型圖書館，除了一般的學術資料之外，也特別針對蘇格蘭地區的文化、歷史、文學等文獻資料和手稿進行收集；威爾斯國家圖書館亦然，由該圖書館網站有兩種語言版本即可得知該館亦肩負文化保存的責任。

Part 2

成爲聰明的讀者
——圖書館的電子書比你想像的多！

第3章

現代化的圖書館

14 認識圖書館功能

「圖書館」以各種樣貌出現在我們生活四周，像是圖書室、檔案室、資料室、資訊中心等都具有圖書館的內涵，簡言之，圖書館是一個收集資料，依照邏輯有系統地將資料分類、管理，讓讀者利用的機構。

圖書館的成立通常是由政府、公私立學校或是企業、財團法人、社團等法人建立，有些可對外開放，例如台北市立圖書館，有些只對內開放，例如某些公司內部的商情中心、研發資訊室。

很多人以為圖書館的設立是為了保存資料，事實上保存資料只是目的之一，甚至過程之一，例如美國舊金山圖書館**Richmond**分館就向出版社租用暢銷小說，而非購入永久保存。圖書館的目標是希望讀者能「使用」資料。僅保存而不提供使用的機構只能稱為「藏書樓」，並不是現代圖書館的設立目的。

公共圖書館大多免費提供讀者使用，這是為了讓沒有能力取得資料的人也有公平學習的權利，不致受限於經濟、語言或地域因素而造成知識落差。

而知識來源不斷變化，從過去的手抄本到印刷品再到視聽產品、數位產品，這些載體不斷改變，但不變的是圖書館有責任與時並進。為了便利讀者使用，許多周邊設備也就出現了，例如閱讀室、掃描器、影印機、視聽設備。同樣地，當電子書成為館藏，圖書館提供閱讀器幫助讀者利用館藏也就不稀奇了。

有一項調查顯示：經濟愈不景氣、圖書館的利用率愈高，但圖書館的預算卻常在不景氣的環境下被迫刪減，或許這是圖書館在夾縫中求生存的一隅場景吧。

前進

- 館藏要被使用才有價值，否則圖書館只是藏書樓。
- 圖書館提供免費服務，加強弱勢者的資訊素養。
- 圖書館必須採購各種設備以促進館藏利用。

圖書館的目的是讓資料被活用！

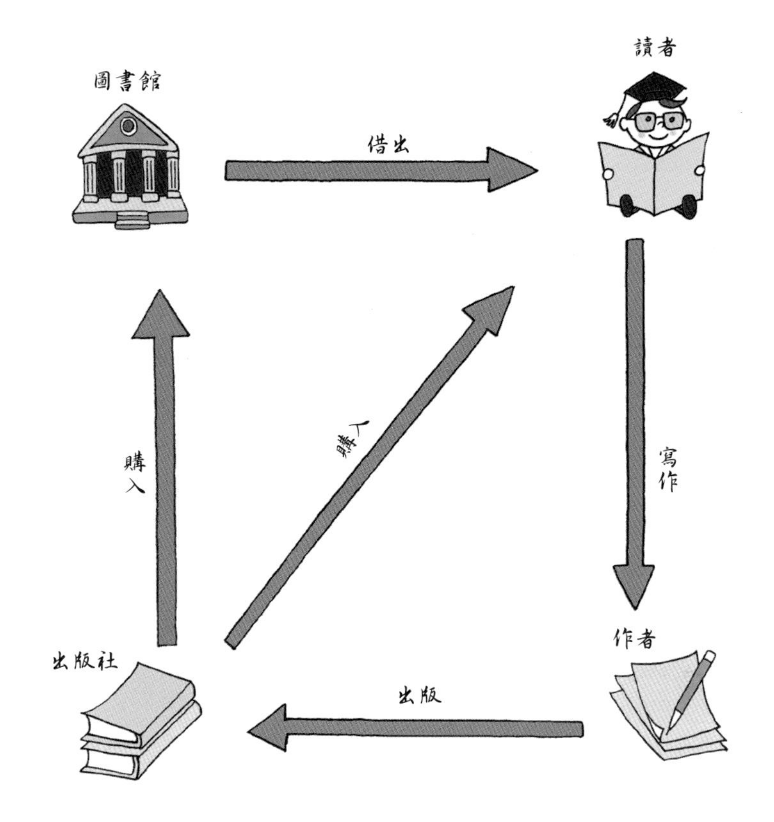

圖書館的任務是讓讀者善用館藏而非消極的成為「藏書樓」。圖書館向出版社購買資料提供給讀者。讀者在閱讀數本書之後可能以作者的身份出書，然後資料又被圖書館或其它讀者購入，形成一個動態循環，圖書館應備足館藏。

15 圖書館的類型和特色

圖書館是收集資料、吸引讀者利用的地方。不同的圖書館有不同的任務，一般來說，圖書館分為四大類：

1. 國家圖書館：屬於國家級的圖書館，負責保存和推廣本國文化，因此工作包括典藏、整理全國的圖書資訊並與他國合作交流；另外則是訂定圖書館作業標準，輔導國內圖書館發展等等。
2. 學校圖書館：以學校師生為服務對象，館藏用於支援教學研究。不同的學校會有不同的館藏特色，例如醫學大學圖書館的館藏就會與科技大學的館藏有所不同。
3. 公共圖書館：服務對象為社區民眾，相較於學術意味濃厚的國家圖書館及學校圖書館，公共圖書館偏向通俗、休閒讀物，同時也肩負社會教育、終身學習的責任。而現在也有愈來愈多公共圖書館收集在地文物，打造成地方文獻館，或是像台北市圖有一館一特色的規畫，例如文山分館的特色是茶藝資料、中崙分館則是以漫畫為館藏特色。
4. 專門圖書館：以特殊主題或特定人為服務對象的圖書館稱為專門圖書館，例如兩廳院的表演藝術圖書館、點字圖書館、電影圖書館、玩具圖書館等等。

而鄰近的圖書館可以共同擬訂「館藏發展（Collection Development）」策略，以台大、師大、台科大圖書館為例，由於這三所大學距離相近，可以策略性地將經費重點安排於不同的學科領域上，這樣就能避免重複採購，省下的經費可以採購更多資料。

不同類型的圖書館有不同的館藏和服務特性，想更了解圖書館能為我們做甚麼，直接前往參考服務櫃檯（Reference Desk），他們會很樂意協助讀者。

前進

- 不同的圖書館有不同的任務，服務對象也不同。
- 許多圖書館開始朝向特色館的方向發展。
- 相近的圖書館可互相結盟，各自選購重點館藏。

不同類型的圖書館有不同類型的館藏！

圖書館的服務對象不分族群

不同類型的圖書館有其特定的服務對象，而且圖書館是一個成長的有機體，不僅是藏書樓的角色。

16 甚麼是數位圖書館？

除了前面討論的四種圖書館類型，我們也經常聽到數位圖書館（digital library）或虛擬圖書館（virtual library）、無牆圖書館（Library without wall）。事實上它是相對於實體圖書館（physical library或brick-and-mortar library）的表示，數位圖書館可以是國家圖書館的數位版，或是專門圖書館的數位版，也就是說精神上仍屬於四種類型之一，但形式上則以數位方式運作。

因此，廣義上「數位圖書館」是指圖書館的館藏大多為數位資料，而狹義上則指圖書館本身也必須數位化，完全見不到任何有形的實體設備，換句話說就是「有名無實」的圖書館。

圖書館購置數位資料做為館藏已經是稀鬆平常的事，不但可以節省館舍空間，還可以突破時空限制服務更多的讀者。有些大型圖書館會進一步將特有館藏例如名家日記手稿、歷史古籍等資料進行數位化，一方面做為備份以防止天災人禍導致資料滅失，一方面防止過度使用造成原件損壞，並且可以更方便傳播和線上檢索（**online search**）。有些圖書館則完全拋開實體建築、實體館藏，而負責服務的館員則隱身在網路或電話線上，即使不用面對面也可以解決讀者的問題。

但資料數位化所面臨的是數位格式不斷改朝換代的問題，曾經是劃時代產品的微縮膠片早被逐出高科技大門，雖然它的保存期限遠超過數位資料，但只有少數圖書館找得到它的蹤跡，**Sony**更宣布於2011年3月完全停產3.5吋磁片。因此，每一次的資料轉檔就是一次機會和風險，好比「**Google**圖書館計畫」大量掃描實體資料前，必定審慎思考應採用何種數位技術和格式，即使將來需要轉檔也可以用較低的成本和時間進行。數位圖書館亦然，在購置資料前也必須要評估何種格式比較適合未來發展，同時兼顧讀者的需求。

前進

- 廣義的數位圖書館是指大部分館藏為數位出版品。
- 狹義的數位圖書館指建立在網路上的虛擬圖書館。
- 數位出版品不占館舍空間，可做為實體館藏備份。

數位圖書館有廣義和狹義兩種！

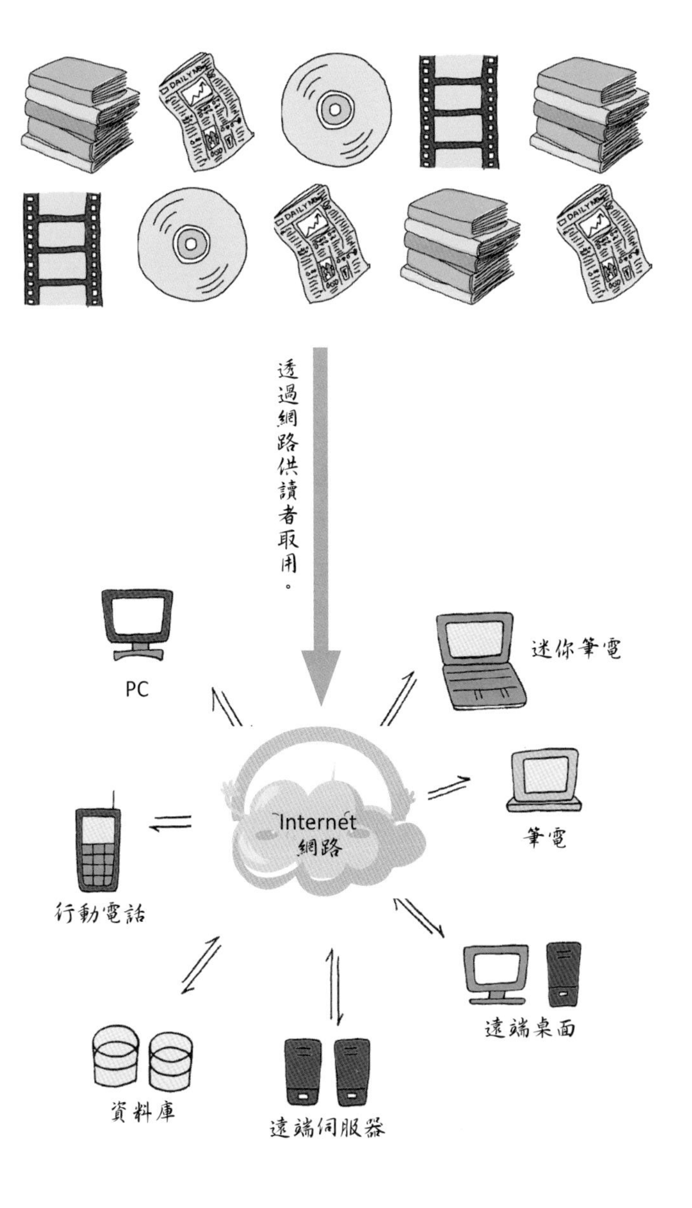

17 電子書具有無實體的優點

電子書除了打破圖書館空間、開閉館時間的限制之外，還突破索書號（**call number**）的限制，讓書籍被查詢到的機會大為提高。

以前一本書只有一個索書號，再搭配幾個關鍵字和標題讓讀者檢索；而索書號又會決定它在書架上的位置，即使是跨領域的書籍也只能在書架上選擇一個棲身之所。假設有一本「經濟與教育」的書，不論是放在經濟學領域或是教育學領域都可能會顧此失彼。尤其大學的圖書館常有數個校區、數個分館，有時為了寫一份報告需要跑數個校區到各分館借書，或必須申請校內傳遞，這些手續都需要耗費時間精力。

實務上，為書籍進行分類，通常會先衡量兩者內容所占的比例，如果經濟學所占的比例較高，這本書就會分類到經濟學領域，並被放在經濟學類的書架上；反之則放在教育領域的書架上。另外就是衡量讀者屬性，如果是管理學院師生薦購的書，那麼就會被分配到經濟學類，如果是教育學院購買的書，就很可能要以教育學的觀點來應用這本書，因此會被分配到教育類。

如果兩者內容比例相當，且兩系所都需要這本書，那麼購買複本可能是解決之道，問題在於經費、空間有限，購買複本常是圖書館不得已的選擇。所幸電子書不具有實體，不需要提高預算購置複本（除非相當熱門）就可以出現在不同領域的虛擬書架上。

電子書的另一項優點就是沒有逾期、遺失、毀損的問題，只要借期一到，系統會辦理自動歸還，電子書就可以立刻讓下一位讀者使用，減少讀者雙方來回奔波的時間、費用。

電子書不僅解決了圖書館的難題，也解決了實體書店展示空間有限的問題。每本書在店內銷售都需付出「上架費」，而且費用高昂，要在書架上多展示一本書所要付出的成本相當高，如今在虛擬書架上這些問題都可以迎刃解。

前進

- **關鍵字比分類號還實用，讀者容易找到書。**
- **一本書可同時放在多個虛擬書架上。**
- **24小時都可以借還書，不受開閉館時間限制。**

電子書解決了索書號的限制！

數位化使一本電子書可以出現在不同的書架上

一本書只有一個索書號，這個號碼將決定圖書在架上的位置，即使有複本也一樣要放在一起。

虛擬書架

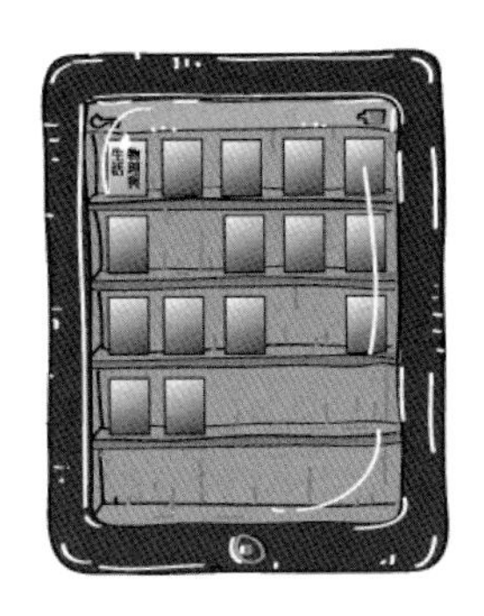

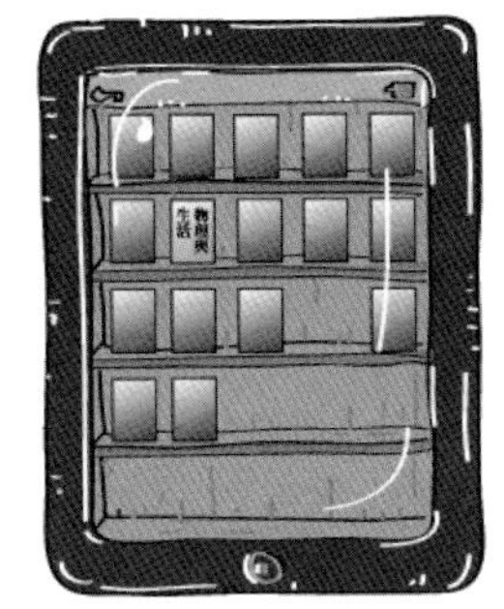

實體書架

18 圖書館電子書的使用率

電子書既然已經進入圖書館，成為不可或缺的館藏，那麼電子書的使用率自然也是值得評估的項目。如果電子書的格式是相當普及的**PDF**檔，閱讀資料將不是問題。但如果圖書館購買的電子書是一般電腦無法讀取的格式，那麼圖書館是否應該購買閱讀器並且一併提供外借？

主流格式混沌不明，資料採購同樣讓圖書館為難。若由最保險的角度出發，只購買電腦可以讀取的電子書，也可能讓其它格式的優良出版品成為遺珠之憾，因此電子書的選書工作也考驗著數位時代的圖書館。

圖書館在採購電子書的同時，必須考慮讀者是否有能力使用。而讓尚未使用過電子書閱讀器的讀者有機會體驗、讓沒有能力購買閱讀器的讀者也能公平享用數位資訊，似乎也變成了圖書館的另一項推廣工作。

2009年上海圖書館推出電子書閱讀器外借的服務，可以開啓**.txt, .pdf**以及購入的**CEB**（**Chinese E-paper Basic**）格式電子書二十四萬冊。而芬蘭的赫爾辛基圖書館也在2010年開始出借電子書閱讀器給讀者，閱讀器當中已經預先輸入公版圖書，讀者如果要借閱其它有版權的電子書，只要連結到圖書館借閱即可。

我們常常誤以為沒有被借出館的資料代表不被需要的資料，但有時某些資料是被經常使用的，只是它們不需要整篇、長時間閱讀，也不需要借出館外，例如字辭典等參考書，或是一本書的某章節。如果使用電子書做為館藏，這些調查將會更詳實的呈現讀者的資訊尋求行為，也更容易知道資料受到青睞的程度，以及資料被使用的情形等等。

前進

- 電子書的使用率比電子期刊低出甚多。
- 已有圖書館開始提供閱讀器外借的服務。
- 數位資料的使用率比印刷品容易統計。

愈來愈多的圖書館推出電子書閱讀器外借服務！

電子圖書館服務統計

基本使用統計	連線數量
	全文資料下載次數
	書目下載的次數
	館外連線的次數（了解館內外使用數的差距）
	連線時間
	連線被拒的次數（藉此了解系統上限與實際需求量的差距）
	檢索次數
	透過圖書館連線到其它網路的次數
資源統計	資料庫
	電子期刊
	電子書
服務統計	線上公用目錄使用次數
	數位館藏使用次數
	使用本館網站各功能的次數
	由本館連線至外部網站的次數

資料來源：林呈潢，國立成功大學圖書館館刊（2001/06）

電子書點閱次數

NetLibrary： 123

TumbleBook： 2,067

ipicturebooks： 17

Tumble TalkingBooks： 167

遠景繁體中文電子書： 781

Little Kiss： 52

格林咕嚕熊親子共讀網： 1,879

長晉FUN電書： 500

FUN-DAY線上學習英語網： 277

資料來源：台北市立圖書館100年4月統計數據

19 甚麼是「雲端運算」？

「雲端」的話題已經延燒一陣子，它其實是一種網路運算的概念。由於工程師通常用雲的形狀來表示「網路」，所以「雲端運算」（**Cloud Computing**）指的就是「網路運算」。雲端運算是一種技術整合的概念，在此之前出現過「分散式運算」（**Distributed Computing**）和「網格運算」（**Grid Computing**）的模式，指將一項大型且複雜的工作切割成許多小型的工作，然後交由各種不同運算能力的電腦分工處理，最後再得出結果。現在則轉化為：由使用端（端）向運算系統（雲）尋求支援以完成任務。

以**Google**為例，**Gmail**、地圖、文件、圖書、網路相簿Picasa以及**YouTube**都是屬於雲端服務的範圍。因為這些應用程式和資源都不在我們的電腦內，但我們只要連上網路、開啓瀏覽器就可以享用這些服務帶給我們的便利。雲端服務可以分為三個層次：

1. SaaS（Software-as-a-Service）：軟體即服務。例如上述的**Google**各項產品，以及趨勢科技的雲端截毒服務，對象通常是一般用戶。
2. PaaS（Platform-as-a-Service）：平台即服務。針對軟體開發者提供建置、測試應用程式的環境。例如**Google**應用服務引擎（**Google App Engine**）。
3. IaaS（Infrastructure-as-a-Service）：硬體（架構）即服務。服務內容以取代硬體設備為主，企業不用負擔高額的建置、維護和閒置成本。**Amazon EC2**就提供不同天期的租用服務。

全球企業紛紛想方設法降低**IT**開支的同時，雲端服務成為前景看好的產業。「雲端運算產業發展方案」已經於**99**年**4**月通過經建會核定，成為四大新興智慧型產業重點發展項目，以加速雲端運算相關技術的發展，並促進使用人口的快速成長。

前進

- 雲端運算將運算工作由本地移至遠端。
- 雲端服務可取代本地架設的軟體、平台及硬體。
- 雲端運算產業列為我國新興智慧型產業重點項目。

Google和Amazon提供不同層級的雲端服務

Saas：軟體即服務

字典
在線查找多種語言詞典、網絡新詞

地圖
查詢地址，搜尋商家和其他用戶建立的地圖

快訊
自訂網上追蹤詞彙，Google 為您送上即時追蹤結果

桌面
為您搜尋個人電腦內的資料，並且在您桌面上顯示您需要的資訊

新聞
閱讀、搜尋新聞

圖片
網上圖片隨意搜尋

圖書
搜尋書籍全文並發掘新書籍

網頁搜尋
數百億網頁任您搜尋

網頁搜尋小功能
計算機、匯率兌換、英漢/漢英翻譯…等小秘訣

網頁目錄
依主題瀏覽網頁

網誌搜尋
根據您喜歡的主題尋找網誌

Gmail
搜尋信件功能強大的電子郵件，更快更方便，並有效阻絕垃圾信

Picasa
Google 相片管理程式：快速尋找、瀏覽和編輯您電腦中的相片和圖片

SketchUp
簡易快速地建立 3D 模型

Talk
從您的電腦傳送即時訊息，並致電給親友

YouTube
搜尋、觀賞、上傳和分享影片

翻譯
翻譯文字、網頁和文件

文件
在線上建立並分享您的文件，隨時隨地均可存取使用

日曆
建立您的網上日曆並與朋友分享

網上論壇
建立群組、分享意見、搜尋瀏覽、集思廣益

瀏覽器
更快速、穩定且安全的瀏覽器

學術搜尋
站在巨人的肩膀上──搜尋學術文章

Paas及Iaas：平台和基礎架構即服務

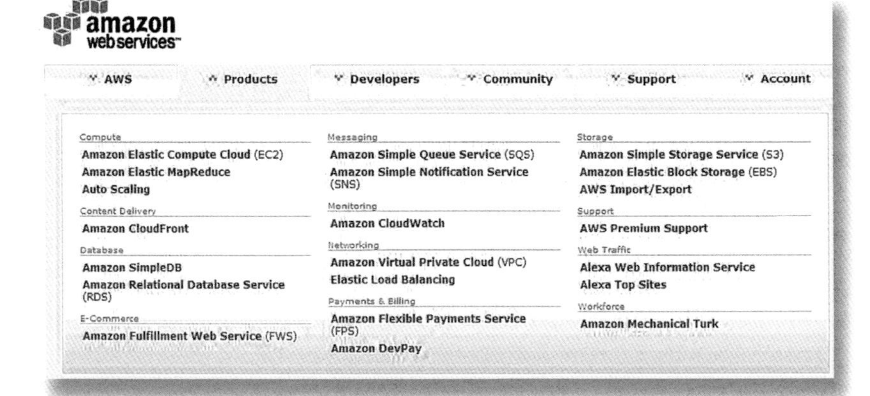

20 圖書館在雲端

圖書館服務可大致區分為兩個領域：1.讀者服務是與讀者接觸時所提供的服務，例如參考諮詢、推廣活動（導讀、導覽、講習）等。2.技術服務則是各種支援讀者服務的活動，例如資料的採購、分類編目、館藏交換、淘汰等，這些工作雖然不會直接與讀者接觸，但目的也都在支援圖書館服務，故稱為技術服務。

各種服務工作如果利用網路平台加以串連，讓館員和讀者都能遠距使用，那麼這座圖書館就可算是漫步雲端的圖書館。由於雲端服務分為三個層次，圖書館應視本身的人力、物力和讀者需求，適當地利用及提供雲端服務。

1. 軟體（**application**），購置數位資料並透過網路讓讀者存取。進一步還可設定個人化喜好。例如：字體大小、劃線、筆記。或是購置各種線上軟體供讀者使用，例如書目管理軟體、防毒軟體、翻譯軟體等。
2. 平台（**platform**）及硬體（**infrastructure**），圖書館可共用遠端的雲而不必自行建立機房、購買設備及管理，同時善用可擴充的特性、整合異質資源，並開發各種新服務和應用。

事實上，讀者根本不用理會圖書館所建構的雲有多大、由哪些單位所構成、利用何種原理串連，因為讀者只要能在任何地方都能輕鬆利用圖書館資源就夠了，這也就是雲端服務的精神。

當圖書館的軟硬體都利用遠端的雲來儲存管理，那麼軟硬體資料和個人隱私資料是否安全就成為新的課題；尤其這些資料可能經常以外包方式委外處理。雲端運算將時空環境擴大好幾倍，達到無時差、無距離的服務，與此對應的是圖書館要與時並進，提供讀者更多無虞的閱讀感受。

前進

- **讀者服務屬於幕前角色，直接與讀者接觸。**
- **技術服務屬於幕後角色，以行政及館藏管理為主。**
- **圖書館可透過雲端將各種服務整合於單一入口。**

盡情享受雲端運算無時差，無距離的優質服務吧！

圖書館的雲端服務

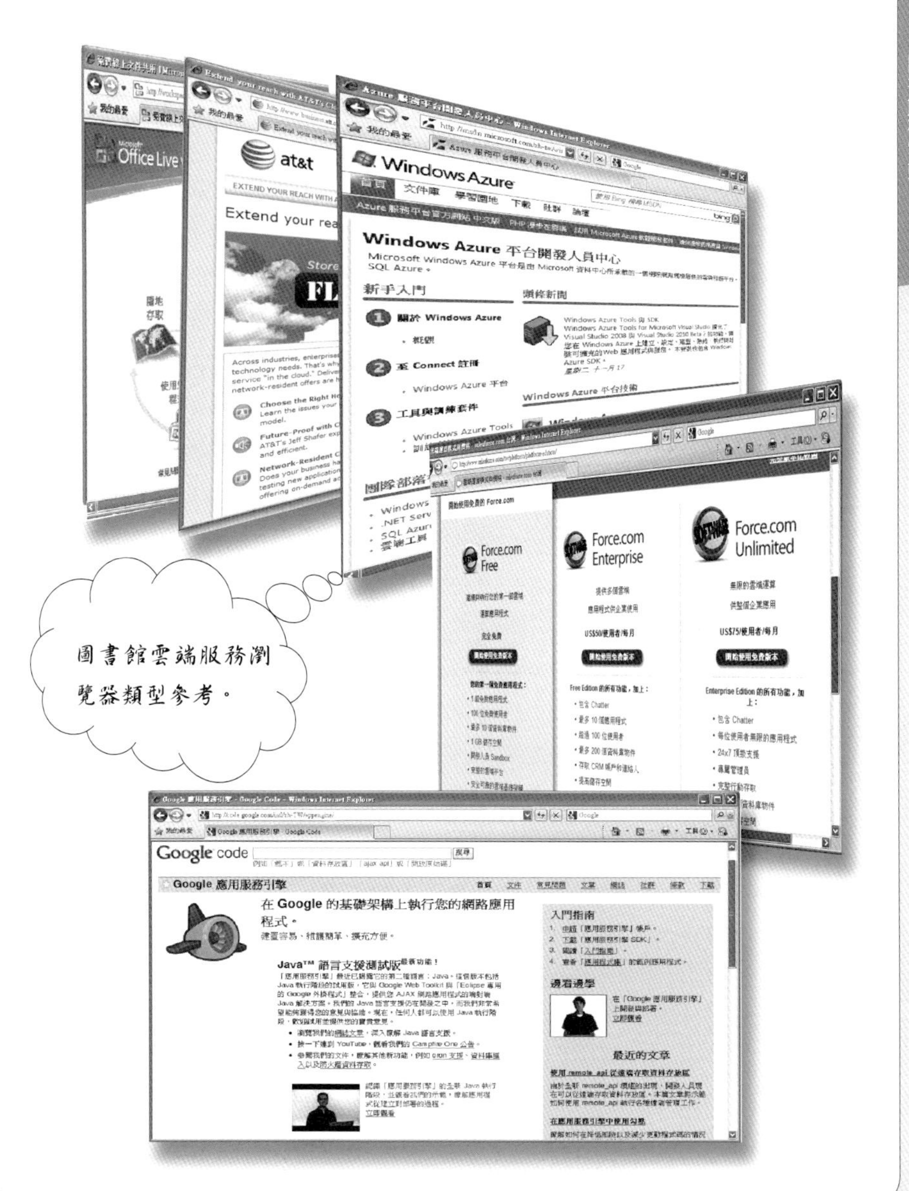

21 數位資料在圖書館的訂價

代理商在銷售數位資料時，為了讓圖書館採購更多的圖書，所以會推出「套餐」（package）供圖書館選購。所謂的套餐就是由出版商依照各主題精選出不同組合，也就是「主題書單」。套餐的價格當然比零售還要優惠許多，但套餐內的資料是否確實為圖書館所需？這就值得採購者精算一番。

許多人認為，圖書館的服務太過便利以至於讀者幾乎無須付出任何成本就可取得資料，對出版社的銷售數字當然產生莫大的影響，也讓出版社傾向以「公播版」的訂價方式銷售，「公播版」的價格通常是一般定價的3～5倍。以美國Indianapolis-Marion County公共圖書館購買丹．布朗（Dan Brown）「失落的符號」（The Lost Symbol）為例，在Sony的網路商店只需9.99美元就可以購得，但圖書館必須付出29.99美元才能購買本書的「公播版」。但台灣尚未對書籍分版定價，因此不論是否提供公眾閱覽，一律都是單一定價。

大學圖書館所採購的資料多為支援研究教學之用，外文出版品的比例公共圖書館高出許多，以台大圖書館為例，2008年底外文書對中文書的比例為100:137，紙本圖書與非書資料（電子書、視聽資料）的比例為100:265，而中文期刊與外文期刊的比例則為100:280。由於學術出版品的價格本來就比一般讀物高出許多，英日文圖書又比中文圖書昂貴，因此採購外文書的負擔很重。圖書館還必須與年年調漲的電子資料角力。

在公共圖書館，中文圖書及翻譯作品比外文書多出許多，電子書則以購買「版權數」當作有效數量，以1個版權數等於1本書的方式購入。相較於學術圖書館，公共圖書館以購入新書、熱門書為主，回溯及保留罕用書的意義不大。

前進

- 代理商常以套餐方式推出優惠組合。
- 公播版的出版品料比家用出版品貴3～5倍。
- 目前電子書尚未出現雙版本訂價模式。

公共圖書館多以版權數代表可外借的冊數！

國立台中圖書館之電子書可借閱授權數量

文明的1000張臉孔.卷二：世界卷

作者：通鑑文化編輯部編輯製作　點閱：150　推薦：0　評論：0

出版社：通鑑文化出版，農學經銷　出版年：2007

分類：史地　可借閱授權數量：3

蘭經/清眞寺阿拉伯文與阿拉伯數字/((天方夜譚))/阿拉伯文學中的精髓

精緻的神韻-印本去明 278

大和民族/萬世一系/神道與天皇制

日本武士道/日本史前時期

瀏覽詳目

許多學術電子書不限同時使用的人數

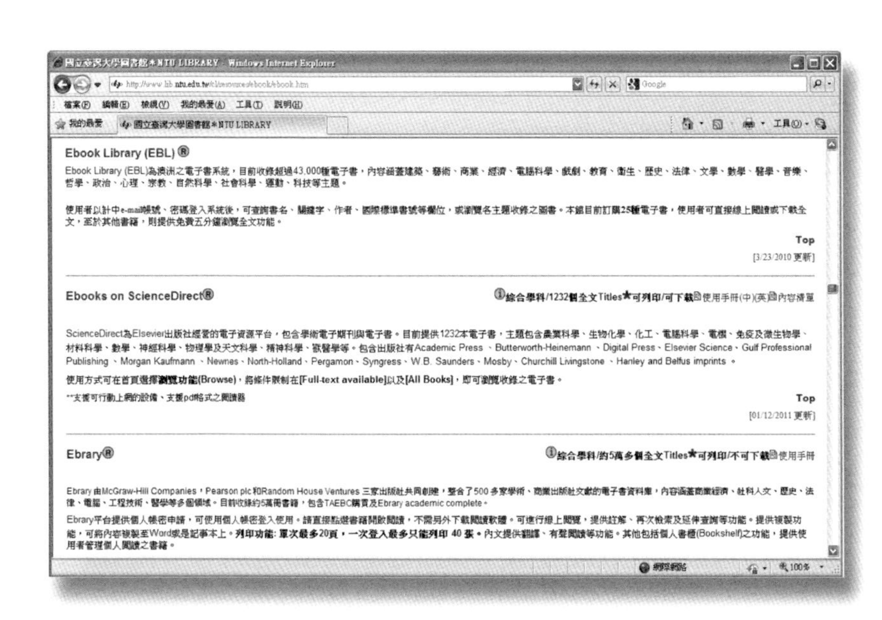

22 圖書館如何採購數位資料？

在紙本印刷時代，圖書館不論購買期刊或書籍，它們毫無疑問地屬於圖書館財產，圖書館同時具有「擁有權（Ownership）」和「使用權（Access Right）」。可是在期刊電子化、圖書電子化的時代，這兩種權力卻被分別銷售。

以期刊為例，圖書館採購實體期刊，通常是「一種期刊、一張訂單」，每張訂單載明訂閱的期數，期刊到館後就成為館藏，即使後來不再續訂，圖書館仍保有過期資料可供使用。在電子圖書館，圖書館付費取得電子期刊「使用權」，一旦不再續訂，不論當期或過期資料都無法使用。實務上，圖書館訂購數位資料常採用以下模式：

1.買斷。與訂購紙本資料的模式相同，只需一次付費就可永久使用。

2.計次付費（pay per view），亦即依讀者下載次數計費，用多少付多少，或依使用次數累計級距，來年則依去年級距收費，例如：Science期刊，缺點是圖書館不容易控制預算。

3.租用。每年向出版社租用熱門圖書，熱度退去後就不再續購。這種方法可以保證資料新穎、使用率高，較適合公共圖書館。

4.依預估使用量收費。例如以全校人數為計算基準，一般會透過IP控管使用者身分，以限制校外人士使用。

5.預購。例如圖書館先向某英文學習預購500個有效帳號，開通501至1,000個帳號則至另一個級距。

6.同時購買紙本與電子版（稱為E + P），例如購買紙本期刊，再付很少費用加購電子版，反之亦然。

7.加入圖書館聯盟，結合團體力量向出版商議價。

前進

- 購買數位資料須釐清擁有權與使用權的差異。
- 了解讀者的使用習慣才能選擇最適當的購買方式。
- 外國圖書館會向出版社租用熱門讀物再轉借給讀者。

日本圖書館館藏資源分析

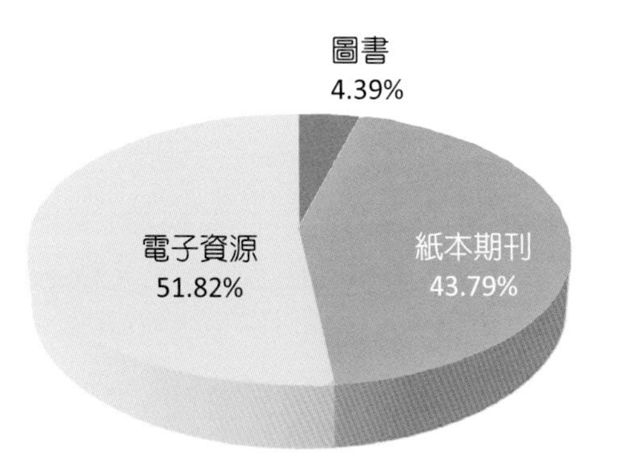

東京工業大學 2007 年採購各類型資料經費比例

http://www.lib.ncku.edu.tw/journal/18/18-5_4.htm

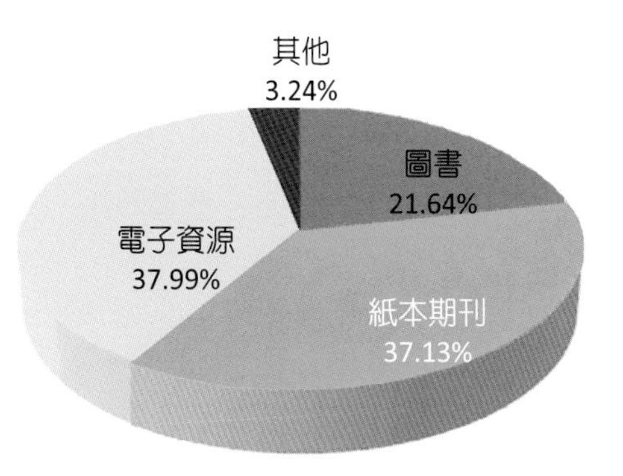

大阪大學 2007 年採購各類型資料經費比例

http://www.lib.ncku.edu.tw/journal/18/18-5_1.htm

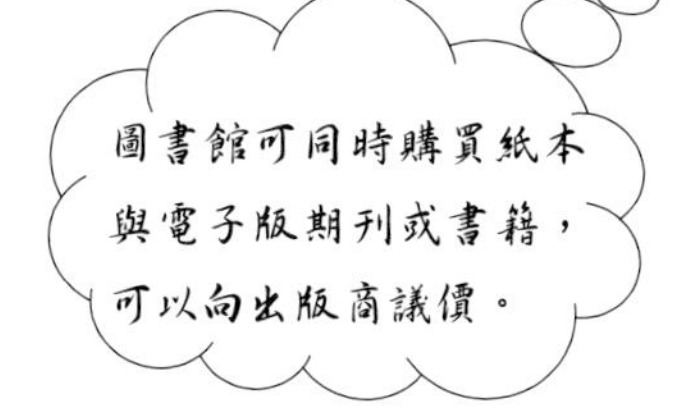

23 學術圖書館為什麼要加入聯盟？

台灣各種學術圖書館聯盟，其中與資料採購有關的就有臺灣學術電子書聯盟、數位化論文典藏聯盟、中文電子書共建共享聯盟、中南部電子資源採購聯盟、台灣地區醫學電子館藏資源共享聯盟等，這些「聯盟」是集合消費者（也就是圖書館）向出版商議價的策略產物。

東西買的愈多、價格也就愈低，出版商當然希望同一產品（電子書、期刊或資料庫）愈多人購買愈好，不論是印刷品或是數位產品，都希望有更多、更穩定的訂購數量。因此聯盟的成員愈多，對於價格談判就愈有利。如果圖書館數量達到某個等級還會有更大的優惠，例如訂購價格更低、贈送更多期刊及圖書、或是延長使用期間。

目前圖書館聯盟多以學術圖書館為主，以2007年11月成立的台灣學術電子書聯盟（TAEBC）為例，其服務對象是學術圖書館，以各大專院校、中研院等學術單位為主，會員上限訂為100館，以西文電子書為採購對象，計畫在3年任務期間購買3萬冊西文書。並且以「買斷」的方式讓圖書館取得永久使用權，允許讀者校（館）外連線使用並且不限制人數。聯盟在採購資料前會先確認各圖書館已有的館藏，避免購買重複的資料，雖然採購入館的電子書歸各館所有，但其他館亦可使用所有聯盟成員所購買的館藏，這對於充實書館資源的成效不言可喻。

由於聯盟的運作也需要經費，通常會員圖書館需繳交年費才能加入聯盟，而加入台灣學術電子書聯盟的成員館每年都有最低購書金額的門檻：中央研究院及國家圖書館為新台幣204萬元，大學圖書館為新台幣170萬元，技專校院為新台幣102 萬元，行政運作上則由中興、成大、台大、台師大四校共同負責。

前進

- 聯盟採用以量制價的方式向出版商爭取優惠。
- 國外學術出版品幾乎年年調漲，造成莫大的負擔。
- 加入聯盟也需要年費，對小型圖書館並非全然有利。

台灣學術電子書聯盟

臺灣學術電子書聯盟電子書整合查詢

重新查詢

總筆數:5

書名	作者	出版者	相似度
Aviation security management	Thomas, Andrew R.	Praeger Security International.	100%
9/11 and the future of transportation security	Johnstone, R. William.	Praeger Security International.	61.45%
The global warming combat manual	Johansen, Bruce E.	Praeger Publishers.	52.73%
Defeat in detail	Erickson, Edward J.	Praeger.	47.478%
The Rational Design of International Institutions.	Koremenos, Barbara.	Cambridge University Press.	42.225%

上一頁 第1頁/共1頁/跳至 1 頁下一頁

Greater Western Library Alliance

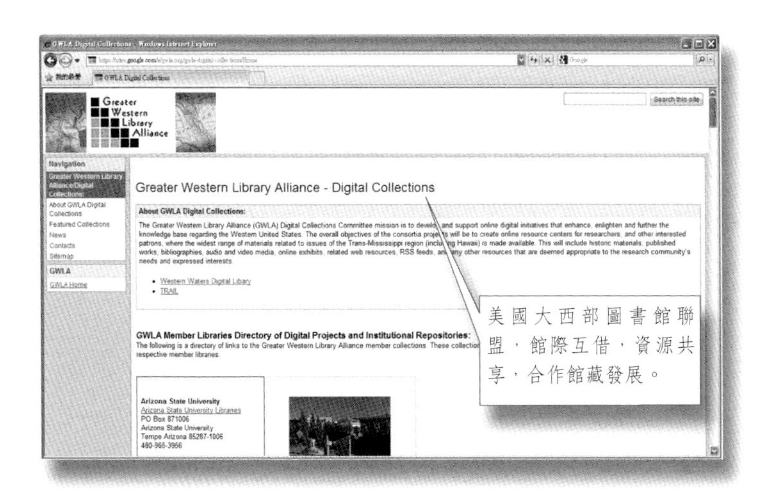

24 Google是圖書館？

討論電子書，似乎無法不討論Google。以Google所提供的內容和服務來看，它已經將作者、出版社、圖書館、數位典藏等角色集於一身，要說它是一個龐大、有機的知識體一點也不為過。收錄範圍包括圖書、學位論文和期刊雜誌，依照版權的特性則可分為：有版權和在版的書籍、有版權但絕版的書籍，以及無版權書籍。所有資料皆來自於以下兩種途徑：

1.「圖書館計畫」（Library Project），前身為2004年的Google Print計畫。這項計畫是將知名大學和公共圖書館的公共版權（Public domain）資料掃描之後，放在網路上供大眾免費閱覽和下載，同時又具有數位典藏的功能。
2.「夥伴計畫（Partner Programme）」則是Google與2萬多家出版社的合作計畫。雖然同樣掃描資料，但對於有版權書籍則以僅限部分閱覽的方式維護著作權，且盡可能附上書店和圖書館的超連結，讓讀者在同一個畫面下就可查得何處可以取（購）得全文資料。

Google圖書約有700萬本公版圖書可全文閱覽，不限於英文。2009年8月起除了PDF格式之外，又提供Sony及邦諾的電子書閱讀器使用者下載ePub格式的電子書，2010年6月起一般PC使用者也可以直接在電腦上下載ePub格式的書籍。

只要註冊Google帳號，登入後可撰寫眉批、發表評論，透過「我的圖書館」還可以管理圖書資料，若要引用某書做為參考文獻，點選Google圖書的「在圖書館中尋找」即可連結到WorldCat, 並直接支援EndNote以及RefWorks, 同時給予5種引用格式：APA, Chicago, Harard, MLA以及Turabian, 對於讀者來說相當地便利。

前進

- 提供PDF及ePub兩種格式供使用者下載。
- 許多古籍透過Google圖書得以備份、傳播。
- Google提供個人化服務—我的圖書館。

網路內容就是一個龐大、有機的知識體！

Google雲端圖書服務

25 Google是書店？

2010年Google進一步在Google圖書搜尋的基礎上推出網路書店"ebookstore"。書店內除了販售無版權問題的公共版權圖書之外，還有許多有版權的圖書，透過「Google圖書夥伴計畫」讓出版社或是個人作者多一個銷售著作的平台。

對於已經出版的圖書，出版社可以直接填寫ISBN將書本上架，如果沒有ISBN的資料，Google也會給予一組專屬識別碼。Google Editions預計在2010年供應50萬本書籍，先由美國境內的出版社開始，慢慢拓展至日本等10個國家，之後才會與全球各大出版社合作。

Google ebookstore的特色在於使用者只需要一般網路瀏覽器（Web browser）即可閱讀、下載，這讓已經擁有閱讀器或不打算購買閱讀器的消費者都可以在此購物，消費者只要利用與Google Books相同帳號搭配線上支付系統——Google Checkout--就可以把書「帶走」。

許多已經絕版的圖書透過Google ebookstore將「起死回生」重見天日，例如有版權但銷量不大的書籍就可以透過Google ebookstore販售，讓作者和讀者同時受益。以數據來看，2008年美國電子書的總營業額為1.13億美元，而整體書市的營業額為243億美元，可以見得電子書的市場大有可為。

與亞馬遜書店不同的是Google ebookstore允許作者自行訂價，利潤的45%歸出版者（Publisher），同時也允許結盟的零售商（Retailer）在自己的網站上賣Editions簽下來的書，實際上，ebookstore採用的是批發商模式（wholesale model）來經營。

註：Google ebookstore目前僅在美國販售電子書，但台灣仍可閱讀免費和公版圖書。

前進

- Google Editions將打造成為電子書通路。
- 一般人也可以直接在Editions出版個人著作。
- 絕版書和珍善本書在Google得到重見天日的機會。

學習使用在瀏覽器上閱讀

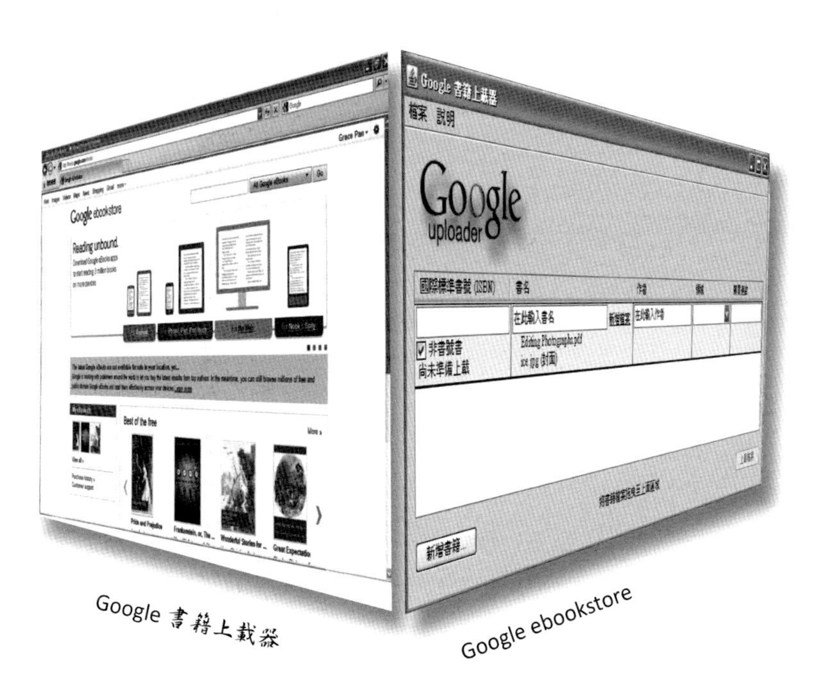

Google 書籍上載器　　Google ebookstore

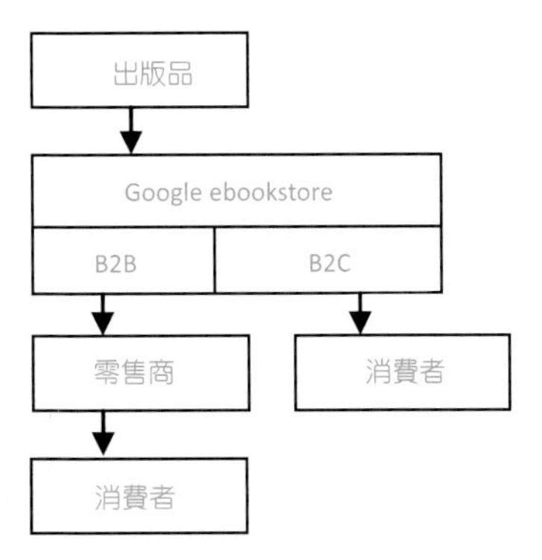

Google ebookstore銷售模式

26 Google讓圖書館消失？(一)

Google和圖書館有甚麼不同：找資料不必出門，網路上甚麼資訊都有，網路沒有時間限制。那麼上網找資料的缺點呢？找到的東西很龐雜，還需要進行過濾才能利用，有時候則沒有全文資料。

圖書館認為自己存在的優勢在於圖書館提供了資訊加值的服務，這些服務包括了1. 審查機制：例如暴力、色情的資料無法進入圖書館；2. 資料分類：讓資料分門別類，節省讀者時間；例如：當讀者要尋找分類號為437的貓咪圖鑑時，不會出現分類號為915的「貓（cats）」音樂劇；3. 免費使用：所有資料都可使用，可看到全書內容；4. 參考服務：解決讀者在利用圖書館資源時所遇到的問題。

然而Google卻剛好相反：

1. 不過濾及審查資料（註），讓所有的資訊都能自由傳遞，這是由於資訊的產出從不間斷，沒有人能替使用者逐一審視哪資料該被使用，哪些則否，只有使用者自己才能辨別哪些資料應優先被檢視，這就是搜尋結果的排名與page rank的精神。
2. 資料分類，任何一個分類表都不可能涵蓋所有的資料，一旦完成一套分類系統，就一定有更新的領域，或更模糊的組合會出現。例如過去並沒有「雲端」這個科技詞彙，現在每天卻有成千上萬人在網路上以「雲端」作為檢索關鍵字。Google的解決方案是提供搜尋建議，讓使用者自行以關鍵字的方式控制查詢結果的範圍，以排除不需要的資料。

註：除了在中國。但中國境內居民仍可連至Google香港的簡體中文網站搜尋到未受審查的完整網頁資料。

前進

- 圖書館會評估資料價值後再購入，然後加以分類。
- 要免費閱讀暢銷書還是必須透過圖書館。
- 關鍵字檢索比分類系統更能快速反應新趨勢。

關鍵字搜尋範例

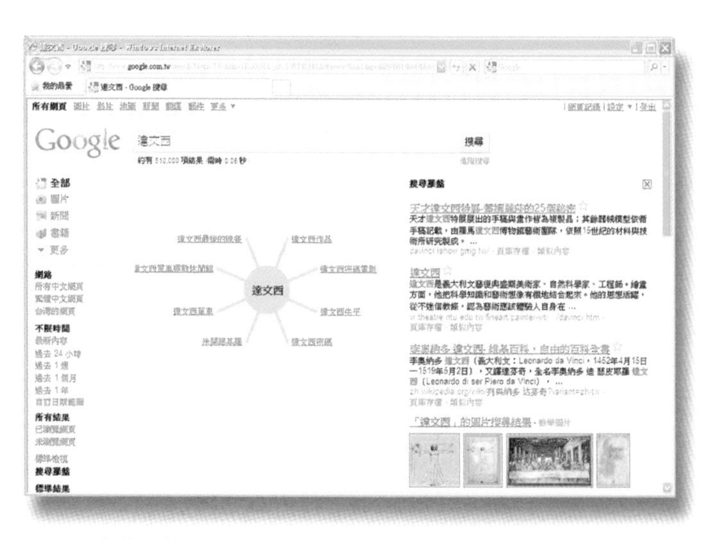

Google搜尋羅盤

27 Google讓圖書館消失？(二)

3.關於免費取用資料，在Google推出Google圖書之後，許多隱身於圖書館、早已絕版的圖書反而得以重見天日，當然這是指公共版權的圖書而言；至於Google Scholar則提供許多完整的學術期刊論文，Google Patent也提供專利全文，讓一般讀者不必透過館際合作也可以迅速取得研究型資料。

4.圖書館的參考服務（Reference service）有許多層次，從館內樓層設施的介紹到館藏利用指導皆是。介紹館內設施是最初級的服務，館藏利用指導甚至學科專家（Subject specialists）則可將館內資料進行加值，例如製作專題書摘。如果服務對象的專業知識愈強，館員也必須能夠達到一定水準才能提供該層次的服務。事實上礙於人力和經費的限制，除了部分大型學術圖書館之外，一般圖書館從借還書到分類編目通常都是一人身兼數職。

由Google官方網頁所宣稱「Google 的任務在於組織全世界的資訊，讓全球都能使用並有所裨益」可以得知Google與圖書館都在想方設法滿足大衆的資訊需求，但Google與圖書館之間不僅是競爭對手，有時也是合作對象，例如Google Books的「圖書館計畫」的資料就來自於圖書館，而在此搜尋到的圖書，不論有無版權都可連結到鄰近圖書館，如果透過Google網頁搜尋，那麼能搜尋到的書目資料更多，這絕對不是幾所圖書館的館藏目錄能夠相提並論。

其實，圖書館的存在是為了滿足讀者資訊需求，消彌資訊落差，所以不論是館內資料或是外部資源，只要能滿足讀者就是有用的資源。如果圖書館成為一個數位學習中心或數位教育中心，使大家都有能力在網路上公平地取得資料，那又何嘗不是一件好事呢？

前進

- Google讓公版圖書得以自由流通，增加閱讀率。
- 擴大學科專家的資訊檢索範圍。
- 圖書館可藉網路資源彌補館藏的不足。

圖書館電子化服務關係圖

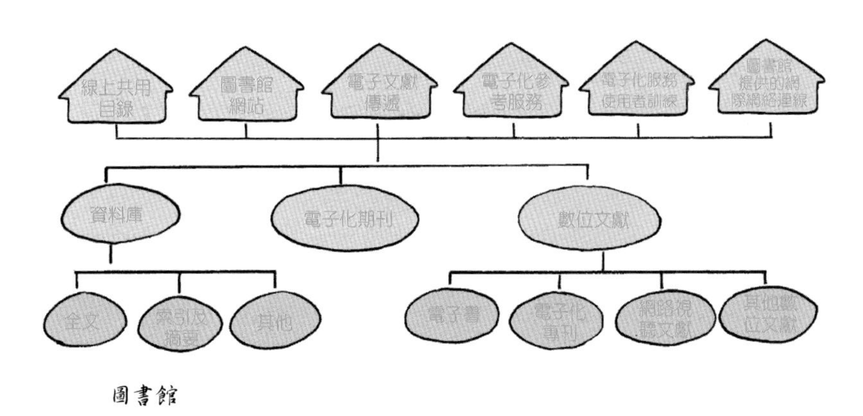

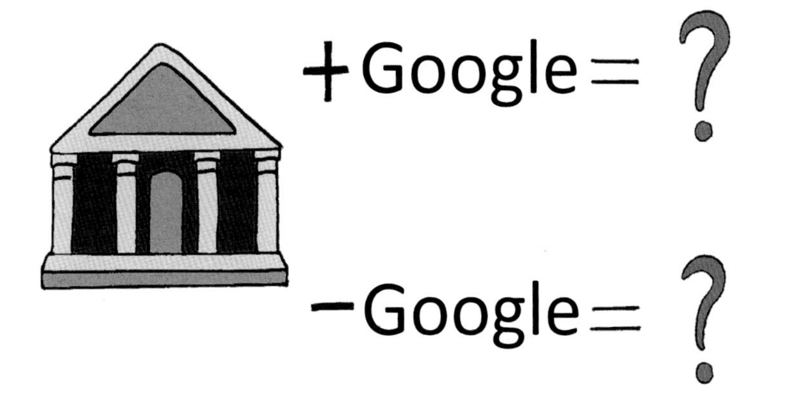

資料來源：林呈潢，圖書館統計標準與電子圖書館服務使用評量，圖書館館刊（2005）。

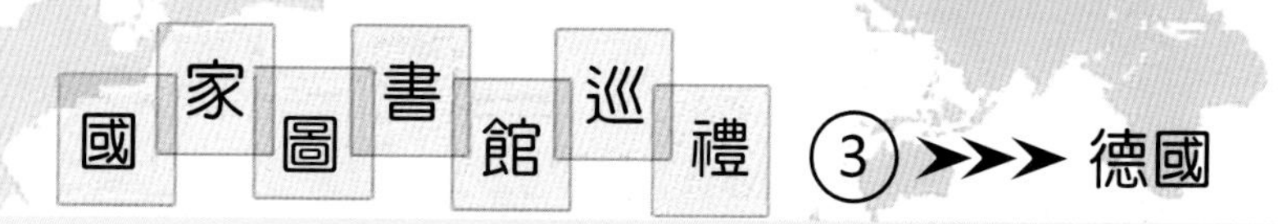

提到德國的圖書館，自然會讓人聯想到約翰—古騰堡（Johannes Gutenberg），他被認為是西方活字印刷術的發明人（註），這項發明大大改變了過去手抄的傳播速度，從此知識得以快速普及，科學及哲學都有長足發展，並導致了歐洲封建秩序的崩壞。

德國原本就有衆多重量級的圖書館，自1990年兩德統一之後，德國國家圖書館（Die Deutsche Nationalbibliothek）便責成萊比錫德意志圖書館（Deutsche Bucherei Leipzig）、法蘭克福德意志圖書館（Deutsche Nationalbibliothek in Frankfurt am Main）和柏林的國家音樂檔案館（Deutsche Musikarchiv，DMA）負責掌管。

德國國家圖書館負責收集所有以德文出版的作品。在德國境內的出版品必須依據法定送存規定繳交2件給圖書館，因此自1913年起的境內出版品收錄的相當完整；同時德國也接受同為德語系國家的瑞士和奧地利出版社自願捐贈的德語出版品。至於其他各國出版的德文作品則由德國國家圖書館提出經費購買收藏。

德國國家圖書館館藏量為2,500萬件，平均每天都會增加1,700件資料。三館的分工為：萊比錫館負責印刷技術和資料保護技術，同時設有博物館，展覽1933-1945年間的文物。法蘭克福館負責數位技術和標準化，並收藏1933-1945年間的檔案。至於音樂檔案館則對各種音樂作品和樂譜、樂理論文等進行收集和管理。

註：西元1040年中國的畢昇發明了活字印刷術，其活字採用陶土燒製，而1450年德國的古騰堡則採用更耐用的鉛製活字。

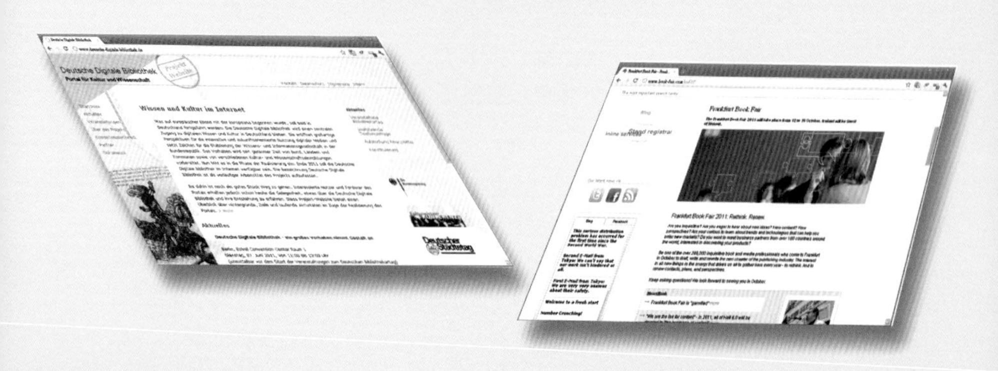

Part 3

成爲聰明的作者——個人出版等著你，要當作者眞easy！

第4章
找對地方輕鬆出版

28 作者的角色

傳統的出版鏈是由作者、出版者、書店（通路）、讀者所組成，現在則不一定要依循這樣的模式。

網路普及，要出版個人作品也愈來愈容易，試想每天看到的網誌、部落格其實都是透過網路形式刊登的作品。不同的只是讀者取得的方式是無償或有償、公開或是私密。千萬不要以為公開又免費的作品無利可圖，其實商機就在其中。

免費或付費？除非是廣告、或是政黨宣傳、宗教文章才會歡迎大家免費轉載，一般人很難想像誰會願意將嘔心瀝血完成的作品讓人免費閱覽；也有人認為在出版爆炸的時代，「知識價格」會變得愈來愈低，寫得再多也不再「值錢」，但這種觀念改變了，過去靠販賣內容賺取利潤的模式不再一體適用。

我們可以看到許多部落格作者利用評鑑美妝、美食創造可觀的訪客量，從而得到廠商贊助的例子，此外尚有股市達人、電腦達人、旅遊達人、日語達人、家事達人的部落格，這些網站都敞開雙臂歡迎網友們免費瀏覽，愈多人瀏覽，它吸引到的不只是讀者還有其他廣告商的青睞，這與過去一定要付費才能閱讀的模式大相逕庭。

以上事實告訴我們，數位時代的作者並不一定要透過傳統的出版模式獲利，因為環境改變，讀者也在改變，如果你的讀者不在書店裡，那就到其它地方去找，有時網路作品還能出書吸引另外一批紙本讀者。當然所有的前提都是寫出讓人感興趣的內容，尤其出版變得愈容易，競爭對手就愈多。

要成為網路作者，也一定要了解如何保護心血結晶，例如保留創作記錄、作品加註警示文字、權益受損時可聯絡保護智慧財產權警察大隊（保智大隊）等，以免辛苦的成果付諸流水。

前進

- 網路盛行帶動個人出版，素人成為炙手可熱的作者。
- 網站流量就是商機，網路作者在乎點閱率勝過版稅。
- 不同的傳媒有不同的智財保護方式，作者不可不知。

數位化使得個人出版變得愈來愈容易！

智慧財產權侵權案件

時間	查獲總計件數（件）	商標案件（件）	著作權案件（件）
2006年	1,935	893	1,042
2007年	2,280	1,193	1,087
2008年	2,127	873	1,254
2009年（截至11月底）	1,907	979	928

數據來源：智慧局

資料來源：經濟日報

29 每個人都可以自製電子書嗎？

在台灣，研究生於畢業時通常要繳交紙本和電子檔的畢業論文給圖書館，然後這些論文在未來會被其他人檢索、下載，這些數位論文目前都是以PDF格式為主，其實這已經是一本電子書而無庸置疑。也許在不久的將來，各大學會要求畢業生提供ePub格式的檔案。

要自製電子書並非難事，網路上有許多軟體可供作者轉檔，其中有非常簡便的類型，例如Calibre；也有適合漫畫、相本的編輯軟體，例如：FlipAlbum，還有自動製作目錄的功能，提供類似翻書效果、播放音樂、播放多媒體等高階軟體。

對於能根據螢幕大小或字型大小而自動斷字換行的電子書來說，傳統「頁碼」的概念也會被打破，因為字型愈大、虛擬的「頁數」愈多，過去紙本書籍所印上的頁碼是絕對的位置，但在電子書裡卻相當有彈性，反而是「章」、「節」的概念會比較具指引性，因此在製作電子書時，作者無須給予頁碼，以免實際閱讀時徒增困擾。

Calibre、EPUB2Go、pdftoepub	pdf→ePub
eCub	text、xhtml→epub、MobiPocket ePub、MobiPocket（文字部分）→mp3、wav
ePuBuilder	text、html、word→ePub
eBook Workshop	html, htm, mht, txt, bmp, jpg, gif→exe
eScape	xhtml→ePub
Talking Clipboard	epub→audio
Google epub-tools	word、rtf、docbook、tei、fictionbook→ePub
Adobe InDesign	xhtml、dtbook (daisy talking book)→Adobe
BookGlutton API	html→ePub
Google Sigil	html、txt、epub→ePub
Feedbooks	線上製作→ePub，PDF，Kindle、Mobipocket
Stanza Desktop	MS LIT, Mobipocket, Kindle, RTF, PDF, MS Word→ePub
EasyEPUB	InDesign、Quark、Word→ePub

前進

- 書的價值在於內容，而非載體，電子書也是。
- 自製電子書不難，選擇適合的檔案格式很重要。
- 製作電子書前，先規畫清楚的章節架構取代頁碼。

Calibre的轉檔介面

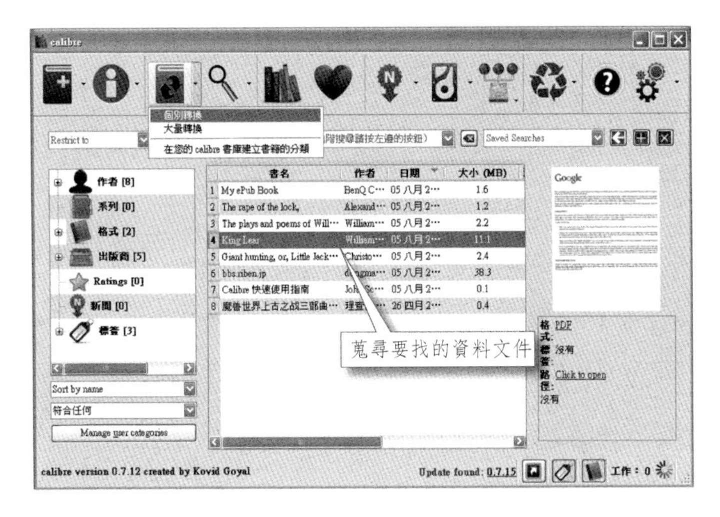

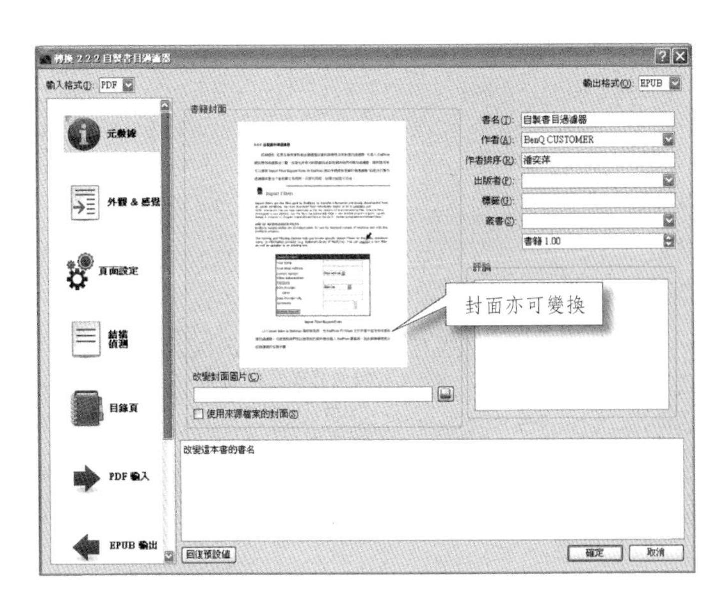

30 隨需出版Books on Demand

多元化的社會，不論個人或小眾團體都可以透過各種管道發聲，例如部落格、Facebook、YouTube，但是「正式出版」卻常是一道難以敲開的大門。最大的難題在於：這本書能賣得好嗎？如果答案是否定的，那麼就不會有出版社願意花費時間、人力、庫藏成本去做賠本的生意。

可是許多人都有出書的需求或夢想，即使這些文藝創作、個人回憶錄、社團刊物、系刊、紀念論文集、研討會論文集可能不會熱銷，但只要透過隨需出版（BOD，Books on Demand）服務就可以將數位內容出版成為電子書，達到「正式出版」的目的。

「正式出版」通常是指具有ISBN（國際標準書號）且公開發行的出版品，有許多出版社都非常樂意為作者提供BOD服務，也就是只要作者提供內容就可以出版成書，而且過程嚴謹，幾乎與一般出版流程相同。BOD分為自費出版和免費出版兩種，經過BOD出版的電子書也可以比照一般電子書經由網路平台銷售。

以銷售政府出版品的國家網路書店為例，凡公私立大學出版中心所推薦之原創學術著作可申請免費全程出版服務。申請者只需以PDF格式交稿，出版後便會在網路書店公開銷售。

Lulu.com是知名的BOD公司，它讓全球作者帶著作品投入它的懷抱，其免費服務包括將作品轉檔為ePub電子書格式、上架到Apple的iBookstore讓更多人購買、為作品申請ISBN並以紙本或電子書形式在其它書店銷售。

BOD出版服務協助作者將作品得到正式出版及曝光、測試市場水溫的機會，而且還解決了跨國出版、版權保護的困難，讓作者和讀者同時獲益，並達到零時差、文化多元的目的。本書在稍候將介紹國內外知名的個人出版管道。

前進

- ISBN相當於書的身分證字號，且全球通用。
- 市場不大的小眾閱讀需求仍可透過BOD滿足。
- 個人作者可透過BOD管道將作品直接推向世界。

具有ISBN且公開發行的出版品稱為「正式出版品」！

方便快速的個人出版品

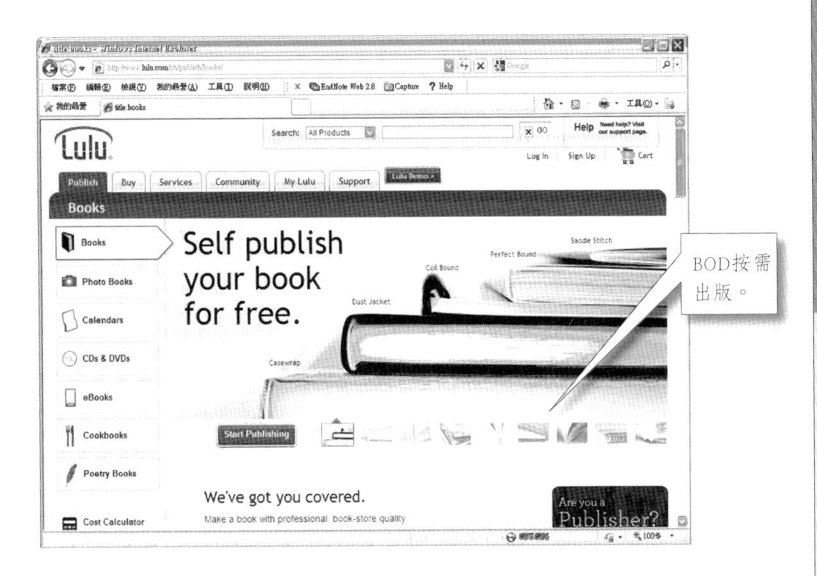

項　目	紙　本	電子書
基本費用	5.00	1.49
創作者收入	8.00	10.00
Lulu收入	2.00	2.50
訂價	15.00	13.99
運費	4.99	0
消費者需支付	19.99	13.99
運送天數	7-11天	即時

單位：美元（USD）

資料來源：Lulu.com

31 隨需列印（POD）與隨選篇章（AOD）

具有出版價值的資料因利潤的考量而失去出版機會的情況將不復見，透過出版社提供的BOD服務，每個人都可以出版電子書，如果消費者想要紙本書，也可以透過隨需列印（POD，Print on Demand，又稱隨選列印）將資料印刷後裝訂成為紙本讀物，而且需要幾本就印幾本，出版社無須負擔庫存的成本。

價值7.5萬英鎊的「濃縮印書機」是體積最小、最常被圖書館採用的all in one製書機，體積約兩台影印機大小。封面以彩色列印、內頁以灰階列印，速度為每分鐘105頁，版面最大為A4尺寸，膠裝完成後會自動裁切成適當大小。由於宣稱只要煮一杯濃縮咖啡的時間就可以製作一本書，所以命名為Espresso Book Machine。

隨需列印對於小衆需求的資料如政府出版品、學術出版品較具有效益，對於哈利波特這種暢銷小說就顯的相當不符成本，而對於講究印刷精美的插圖、畫冊、攝影集等也不適合用POD印刷。

綜上所述，隨需出版與隨需列印的優點有：

1.零庫存，需要多少印製多少，沒有售完或絕版的問題。

2.無遠弗屆，隨時可跨國申請，在地印製，減少運輸成本。

3.兼顧非主流文化，讓比較冷門的主題也有被印製的機會。

4.時效性佳，可即時更新內容，例如政府法規、網址等。

電子書除了可以付費全本列印外，另一種類似的服務稱做「隨選篇章」（AOD，Article on Demand），它是將電子書「化整為零」，也就是允許讀者只支付部分章節的印製費用，想看多少就付多少，無需購買全書。這種概念類似音樂CD目前的銷售模式，衆所皆知消費者可以上線購買單曲，不用像過去非得購買整張CD不可。而書本的銷售又何嘗不會往這個方向移動呢？

前進

- 透過印書機將電子書列印並裝訂稱為POD。
- 若僅選擇列印電子書的部分章節則稱為AOD。
- 精美圖片和暢銷書較適合用傳統印刷方式裝訂。

透過POD服務將不再需要通路商

POD能滿足數量不高的印刷需求。

透過POD服務將不再需要通路商，由作者直接服務讀者。

32 出版社的角色有甚麼變化？

出版是一種專業，從選題、編輯到發行，都是對產品的要求。不論是個人購書或是圖書館選書都會考慮到出版社的專長和口碑，過去出版社因為有企畫編輯和財管行銷的優勢，所以作者出書的第一首選就是透過出版社發行。

出版社的口碑也是一種品牌。以大學圖書館選書為例，負責採購的部門會將出版社的新書目錄交由相關系所的老師勾選，如遇同主題的圖書，那麼作者和出版社的評價愈高，被選購的機會也就愈高。

台灣化學工程學會會誌（Journal of the Taiwan Institute of Chemical Engineers）的例子可供參考。該期刊是列名EI及SCI的學術期刊，原本由學會自行出版紙本期刊，為了讓它的可見度更高、更容易被國外學者檢索並引用，於是學會決定委託Elsevier出版。Elsevier是全球知名的學術出版社，不論期刊的編輯、排版、內容數位化、建置資料庫等都有一定的規範，更具有完備的銷售通路，進入Elsevier SDOS、ScienceDirect全文期刊資料庫後，也提高不少被引用的機率，這就是出版社提高產品價值的實例之一，而具有通路優勢的出版社也會變成各界急欲合作的對象。

雖然現在許多人開始透過BOD出版，而且作品可直接上架到網路書店，讓作者拿回更大的自主權，但有能力的「品牌出版社」仍具有吸引優秀作品的魅力，因為它能將出版社擁有的專業用於「輔導」作者出版，這方面的服務愈快速、簡單、美觀，就會有愈多作者捧著作品前來尋求協助；如果出版社本身擁有銷售通路，或是有極好的合作銷售平台，那麼源源不絕的好作品將會是獲利的新來源，出版社與書店的界線也極可能在網路時代被逐漸抹去。

前進

- 出版社的口碑和風評是作者出書的重要參考。
- 知名出版社已經成為讀者選書的參考管道。
- 出版社善於輔導作者、洞察趨勢及企劃行銷。

數位內容產業推進

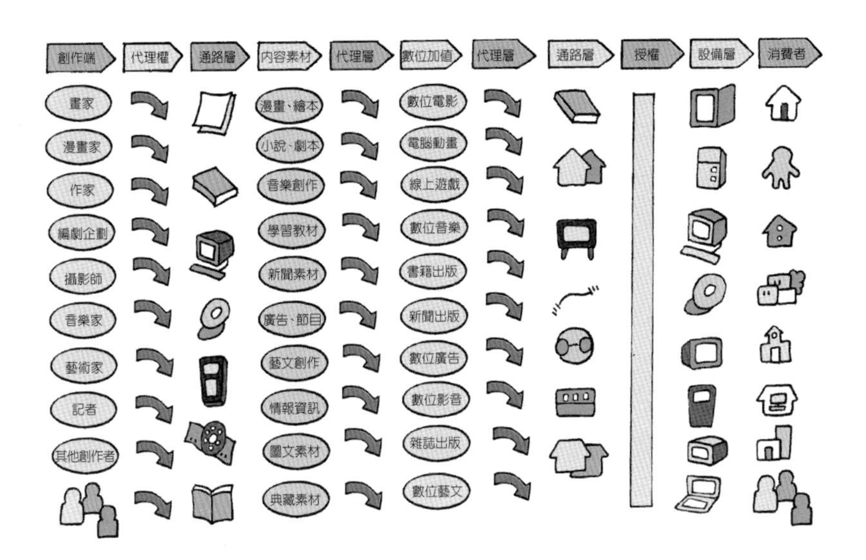

數位閱讀市場概況

電信業者	中華電、遠傳、台灣大、WiMAX業者
軟體出版業者	聯合線上、台灣數位出版聯盟、城邦集團、商周、遠流、財金文化、台灣角川、鑫報、大塊文化、共和國文化、PC Home、時報出版
硬體載具業者	智慧型手機：宏達電、iPhone
	電子閱讀器：英華達、廣達、鴻海、元太、振曜
未來參考書價	・實體書100元 ・全功能數位內容商品約70元（多個終端設備） ・中華電智慧型手機的參考價40元（單一終端設備）

資料來源：經濟日報

33 轉型中的書店

網路環境下的書店開始由實體轉為虛擬，讀者逛實體書店的時間變少，而在網上消費的次數不斷增加。以美國最大的連鎖書店邦諾（Barnes & Noble）為例，實體書店的營收不斷萎縮，同店銷售額也持續下滑，但是網路書店的收入和電子書閱讀器Nook的熱銷支持了邦諾的營運。亞馬遜書店原本就是以網路起家，營收每年攀高，加上虛擬書架擁有最多的電子書，並搭配Kindle大賣貢獻亮眼營收，這些都不難看出書店必須走出一條與傳統不同的路。

書店的營運要成功，首要在於店內擁有豐富的資源供消費者取用，閱讀器只是輔助閱讀的工具，全球的硬體廠商搶著讓大家人手一台閱讀器，為了爭奪市占率常以毛利來交換，與此同時，內容的銷售則是細水長流型的消費，一台裝置不會只購買一個檔案，不論是電子書還是遊戲、動漫、音樂皆如此。

書店一旦在網路上經營就可突破時間空間的限制，這雖然不代表網路書店會全面取代實體書店，但是若以比重來說，網路書店確實會取代傳統書店變成主流。如同傳統紙本書籍不會完全消失，但比重卻會慢慢降低。尋找書店的附加價值是轉型必備的能力，例如成立不同的特色館，或直接向暢銷作者尋求獨家專售的機會，以及尋找出版社合作，共同開發特定族群市場。

日本21家重量級出版社在2010年2月組成日本電子書籍出版社協會，到2011年2月已增加至43家，所出版的圖書占日本全部出版品的9成（漫畫除外）：為了不被亞馬遜控制利潤及主導數位讀物市場，協會成員掌握「內容」、亞馬遜掌握「通路」而互不相讓。預料出版社和書店都必須轉型成為「讀者和作者都能在此各取所需」的平台，誰做得好，誰就能在這場世紀大戰中勝出。

前進

- 電子書閱讀器可在3C通路及大型書店購買。
- 網路書店不會取代實體書店，但比重會不斷增加。
- 出版社和書店界線變得模糊，B2C的比例提高。

電子書內容才是王道

電子書閱讀器的市佔率

品牌	閱讀器	市占率	定價（USD）	售價（USD）
亞馬遜	Kindle	31.3	399	139
邦諾	Nook	25.7	259	149
漢王科技	e.p Book	11.1	390	147
索尼	Pocket Edition	3.6	299	150

資料來源：商業周刊1185期（2010/08），p.59。

日本電子書籍出版社協會成員

朝日出版社	小学館	日本実業出版社
朝日新聞出版	祥伝社	早川書房
アスキー・メディアワー	新潮社	阪急コミュニケーション
クス	すばる舎	ズ
ＮＨＫ出版	世界文化社	ＰＨＰ研究所
エンターブレイン	ダイヤモンド社	富士見書房
学研ホールディングス	大和書房	扶桑社
角川書店	筑摩書房	雙葉社
河出書房新社	中央公論新社	ぶんか社
幻冬舎	中経出版	文藝春秋
講談社	東京書籍	ポプラ社
光文社	東洋経済新報社	マガジンハウス
実業之日本社	徳間書店	丸善出版
集英社	日経ＢＰ社	メディアファクトリー
主婦の友社	日本経済新聞出版社	山と溪谷社

34 個人出版—國內篇

在《隨需出版Books on Demand》一節中提到：作者可透過個人出版（self publishing）將作品上架至網路書店，提高可見度。以下將介紹幾個較知名的出版管道：

1. 天空書城：包括個人、期刊學報、研討會論文集數位出版等服務。採自費出版模式。出版的圖書可置於天空書城、博客來網路書店等銷售平台販售。
2. 秀威資訊：目前分為合作、免費及自費三種出版模式。合作出版是與出版社、學校出版單位合作；免費出版是由秀威資訊負擔出版費用，自費出版則是由作者負擔出版費用。出版物可受DRM保護，並於博客來、誠品、金石堂等平台銷售。
3. 商周編輯顧問公司：提供刊物代編的服務，採自費出版模式，包含定期、非定期刊物、特刊以及年報代編代印代送。亦可採用多媒體格式，例如電子書、電子雜誌及多媒體製作等服務。
4. UDN個人出版：提供自費出版，可代為申請ISBN和CIP（預行編目），但不提供上架銷售服務。
5. 印書小舖：可製作電子書，也可以少量印刷或採POD方式印製。從編輯、校稿、排版到申請ISBN，甚至申請出版代號，讓作者以出版社身份發行圖書。
6. Pubu：Pubu書城既為網路書店，同時也歡迎個人作家參與。申請帳號後可在線上直接上傳稿件，相當便利。
7. airiti press：由華藝數位推出的華藝學術出版服務是針對學術作品所推出的個人出版服務，出版方式可選擇紙本或電子版。有學門審查委員會負責審查作品以確保研究品質。
8. Walking Library電子出版服務平台：由acer建置，可出版電子雜誌及電子書，可免費使用編輯平台，有版權保護機制。

前進

- 個人出版分為免費出版與自費出版兩種。
- 選擇有銷售通路的出版平台，提高曝光率及銷售量。
- 許多知名暢銷書作家也會選擇自費出版。

作者可將自己的作品直接上架至網路書店！

網路上的電子出版品

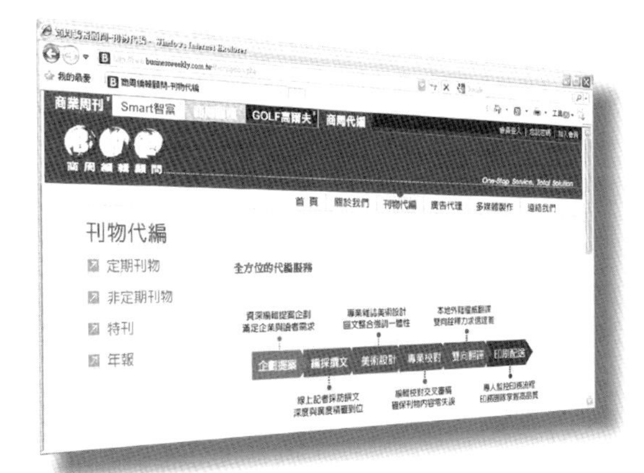

圖片來源：商周編輯顧問

圖片來源：PuBu書城

35 個人出版—國外篇

作者除了可在國內出版中文作品外，還可以考慮國外大型出版平台，將市場拓展至全球市場。

9. Lulu.com：在《隨需出版Books On Demand》這篇提到Lulu提供電子書出版服務，不論是攝影集、烹飪食譜、詩集、期刊都歡迎，此外，還能推出個人音樂CD、電影DVD，作品出版後將會上架販售。
10. PubIt：由邦諾書店推出的出版服務，不論是Word, Html, RTF或TXT格式的稿件都可透過轉檔器轉為ePub格式。出版後的書將在邦諾及其它合作通路上銷售，讀者可在Nook或個人電腦及iPhone等裝置上閱讀。美國以外的作者也可以參與，但需擁有美國銀行帳戶和信用卡。
11. CreateSpace：由亞馬遜集團所提供的個人出版服務，不只是出版電子書，還可以出版DVD, CD和MP3, 也就是說可以出版音樂、影片等影音作品。
12. Digital Text Platform：也是由亞馬遜所建置的電子書出版平台，目前接受英、德、法、西、葡和義大利文的資料。電子書將透過Amazon Kindle Store銷售，而作者最高可獲得70%的版稅。而由此平台出版的電子書可在Kindle、iPhone、iPad、iPod Touch、PC、Mac、Blackberry以及Android作業系統的裝置上閱讀。
13. Direct To PoD：由Self Publishing公司推出的自費出版服務，共有995美元與1,495美元兩種出版等級。電子書將被製作為ePub格式以及Kindle格式，並且會申請專屬之ISBN。完成後的電子書將由Thor經銷商通路銷售。Thor經銷通路涵蓋美國9成以上的書店，並可提供POD服務。

前進

- 選擇國外出版平台可立刻將作品推向全球市場。
- 除了電子書之外，音樂CD、電影也都可以出版。
- 許多出版社建置了線上投稿系統，可輕鬆上傳作品。

國外大型出版平台介紹

由亞馬遜集團提供的個人出版服務網。

圖片來源：Createspace

由邦諾書店推出的出版服務Pubit

圖片來源：Pub It

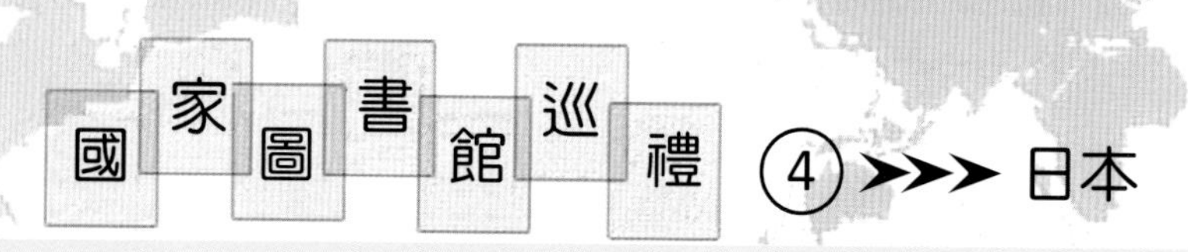

日本的國家圖書館是國立國會圖書館（日本漢字國立國會圖書館），隸屬於日本國會，根據日本「納本制度」的法令，國會圖書館是法定送存機構，出版社必須呈繳出版品至圖書館，因此可完整保存國內出版品，每年的新進館藏中約有6成來自於法定呈繳。至於圖書館的營運預算，以平成22年（2010年）為例，預算為211億日圓，約75億台幣。

國會圖書館共收藏了3662萬件出版品，包括了圖書、期刊、報紙、地圖、多媒體、微縮影片和學位論文等。該圖書館由三個分館所組成，其中東京本館負責保存呈繳的圖書資料，包括電子出版品，以及國外的圖書、報紙，及部分期刊、系列出版品，藏書達到1200萬冊。關西館藏書600萬冊，則收錄日本國內博士論文、科技文獻、國外期刊、亞洲各國的圖書資料。國際兒童圖書館（國際子ども圖書館）負責保存兒童讀物、教科書、參考書及其它相關資料，館藏約40萬冊。

圖書館的館藏資料除了提供國會議員和行政機關使用外，亦開放給一般民眾使用。國會圖書館目前正全力進行數位化，不但將明治到昭和前期的圖書加以影像化，兒童繪本及其它文物資料和珍貴特藏也進行數位典藏的工作。讓一般人透過網路就可以使用和欣賞這些文物。

國會圖書館另有「亞洲資訊室」（アジア情報室），深入中國、韓國、北韓、蒙古、東南亞、南亞、中東、北非和中亞等地，收集圖書、年件、期刊、報紙、數位資料和文物，且該網站提供英文、中文、韓文等介面，相當歡迎各國研究者使用。台灣的讀者可以透過國家圖書館向日本國立國會圖書館申請館際互借。

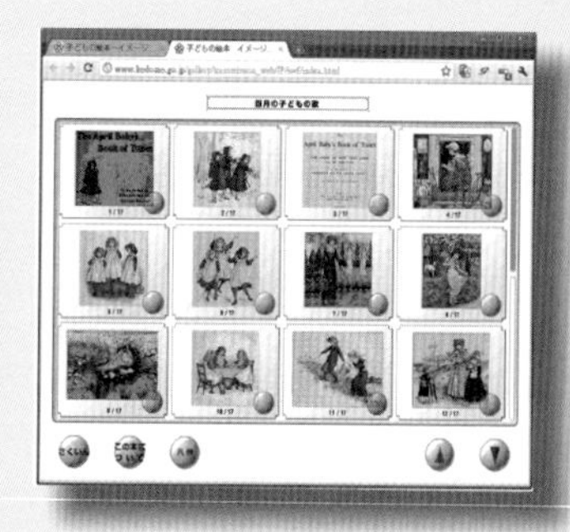

第5章

了解出版通路現況

36 數位出版產業的概況

目前全球最大的電子書市場依序是美國、中國、歐洲、日本和韓國，如果以比例來看，中國出版電子書的速度已經高於紙本，平均出版1本紙本書的同時就出版了1.2本電子書。

一般的出版順序是由紙本為主，出版同時推出數位版本的電子書，希望在不同的通路上多一項獲利管道。然而也有許多暢銷書的前身是廣受歡迎的網路作品，贏得讀者好評之後轉而印製為實體書的例子。這正好點出一個事實：紙本讀者和數位讀者的重疊性其實不高，因此兩種出版方式才能都有利可圖。

這一點或許可以用Zinio電子雜誌服務平台的數據做為佐證。以特定時間內的訂戶分析來看，電子雜誌訂戶與印刷雜誌訂戶的重疊性不高，表示訂閱印刷品的讀者並非由電子版訂戶轉來，反之亦然。再以國家地理雜誌為例，即使每年訂戶數量增加，但是電子雜誌訂戶的成長率還是超過紙本訂戶，這也表示兩者之間分屬不同客群，且電子雜誌的發展相當值得期待。一本雜誌同時推出紙本和電子版其實是「把餅做大」。

2010年7月，日本的Impress R&D發表2009產業調查報告指出，電子書市場不斷擴大，2008年成長率高達131%，其中86%是行動閱讀，也就是透過手機、PDA等載具閱讀電子書，內容以非文學類的漫畫為主，這一點與美國亞馬遜的數據不同，美國主要的閱讀載具是專用閱讀器。台灣電子書的發展除了參考美國經驗之外，也應該了解日本的銷售數據所表示的意義。

已經賣出上百萬本電子書的美國驚悚作家派特森（James Patterson）說：如果電子書能讓原本不會拿起書的人開始閱讀，那麼我會覺得很開心。電子書出現的目的並非為了改變閱讀習慣，而是希望創造出更多的閱讀人口，讓閱讀變成更受歡迎的活動。

前進

- 新讀者加入擴大中的數位市場。
- 美國讀者習慣以電子書專用閱讀器做為閱讀載具。
- 日本讀者喜歡以手機等行動裝置做為閱讀工具。

臺灣目前數位出版類別(2007)

數位出版類別	目前		未來三年計畫	
	家數	百分比	家數	百分比
電子書／雜誌／新聞	25	38.8	68	70.2
數位出版與典藏流通	24	38.0	35	35.8
出版服務及其他	14	22.2	20	20.4
數位與典藏資料庫	9	13.7	19	19.9

資料來源：圖書出版業量化調查

http://www.gio.gov.tw/info/publish/2007market/

2007、2008年臺灣數位內容產業年鑑

項目	90年	91年	92年	93年	94年	95年	96年	97年	96～97成長率%	90～97複合成長率%
總產值	1,334	1,537	1,892	2,525	2,902	3,412	3,609	4,004	17.0	10.9
電腦動畫	39	28	30	19	19	21	22	29	-4.1	31.8
數位遊戲	49	110	152	201	191	209	237	283	28.5	19.4
數位影音	308	287	308	326	344	368	400	410	4.2	2.5
行動應用服務	66	73	98	132	184	263	286	352	27.0	23.1
數位學習	4	30	49	40	65	94	99	130	64.4	31.3
數位出版與典藏	9	10	13	36	43	52	56	60	31.1	7.1
內容軟體	566	654	748	1,205	1,445	1,690	1,735	1,920	19.1	10.7
網路服務	293	345	494	566	611	715	777	820	15.8	5.5

單位：億元

經濟部希望在2013年國內數位內容的產值達到7800億元，並培育出5家國際型企業。

37 台灣的數位出版業

數位出版要成功，必須結合軟、硬體和內容。前者可以吸引「3C玩家」嘗鮮，但真正的「讀者」在乎的是「內容」。由於自由開放的風氣，台灣成為華文地區流行文化的重心，每年約出版4萬種圖書（以ISBN每年申請數目估計），相對於歐美與日本的人口，台灣出版品的產出數量偏高，上、下架速度相當快速，在讀者有限的情況下獲利相當困難，因此加強版權交易是另闢蹊徑的不二法門。

由於台灣同時具有「硬體」、「軟體」的製造開發優勢，又有「內容」與這兩者結合，經濟部工業局就預估台灣在數位閱讀產業上可創造每年1千億台幣的產值。問題是台灣出版品在華文市場上具有相當重要的地位，但電子書的發展卻遠落後於「硬體」產業的速度，好比全球第一大電子紙製造商「元太」就是台灣大廠，但電子書的「內容」產業卻沒有展現出獨霸全球的形勢。

反觀中國大陸由世界工廠化身為世界市場，不但本身就有足夠的消費人口，中外人士也都想盡辦法學習簡體字，了解中國社會經濟、文化法規。電子書的內容和標準也就必須迎合大市場以取得獲利機會。目前大陸的漢王是華文市占率最高的電子書製造商，在中國約有70%的市佔率。而大陸使用行動通訊進行閱讀和遊戲的人口也以倍數成長，有了這樣的基礎，出版社也願意投入更多的資本在數位內容產業。

以中文為母語的人口占世界第一位，其次是西班牙文、英文。台灣具有中文優勢，任何出版品都可以快速地繁簡互換，資料可以快速校訂排版，甚至直接線上互換，因此發展數位內容產業確實是一項前景看好的方向，特別是台灣在文傳承上的優勢。

前進

- 台灣每年約出版4萬本圖書。
- 全球以中文為母語的人口占世界第一位。
- 中國─世界市場，對圖書的消費亦然。

讀書人的閱讀習慣分析

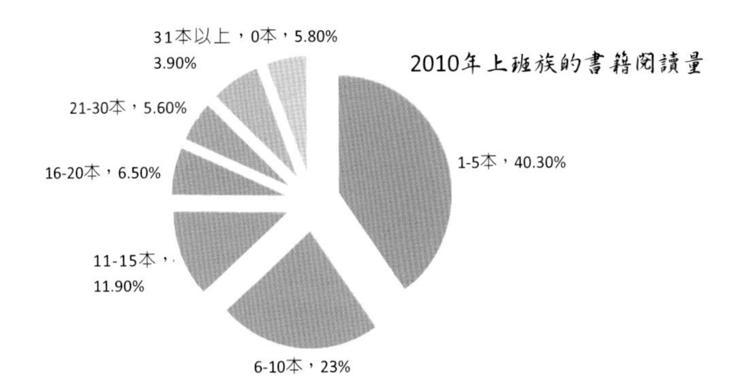

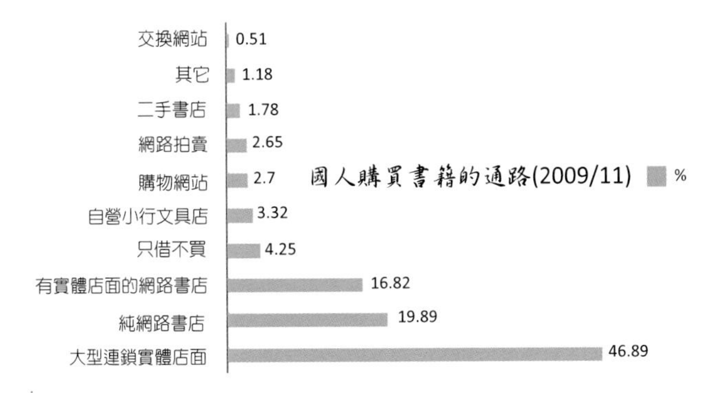

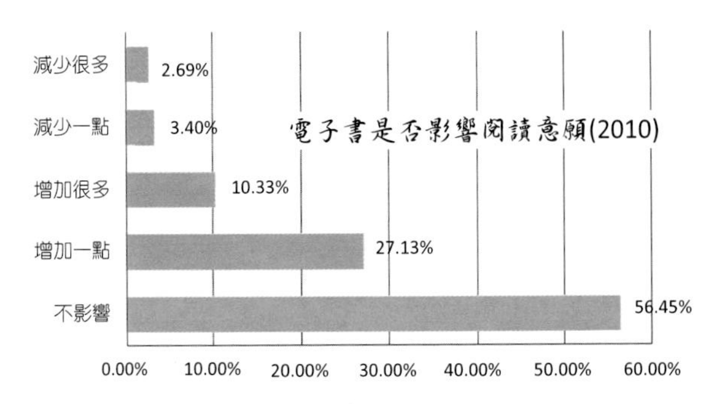

資料來源：波仕特線上市調網 http://www.pollster.com.tw/

38 版權交易的重要

出版品如果可以拓展海外市場，不但可以傳播文化，對於經濟和國家形象也常有正面影響。以直接購買播放權為例，國內電視台引進日本的戲劇、漫畫和動畫不勝枚舉，近年橫掃亞洲的韓劇時裝、古裝作品也不斷銷售到台灣及其它各國，而大陸的動畫「喜羊羊與灰太狼」受到港、台熱烈的迴響，彎彎的漫畫也橫掃亞洲，除了日韓星馬泰之外還翻譯成約旦文。

除此之外，由一個作品衍生出其它作品的例子有金庸小說被改編成電視連續劇、電影以及漫畫、電腦遊戲，同時也被翻譯成日文版在日本銷售。台灣、日本、韓國、大陸等地也購買日本漫畫流星花園（花より男子）的版權，拍攝成電視劇，而這些衍生出版品又會激起觀衆購買原著的欲望，讓圖書的銷售更上一層樓。

書籍的版權交易通常透過出版社進行，因為單憑個人力量無法掌握市場動向、負擔國際書展參展費用，法律和財務問題也是一大挑戰，所以透過出版社是比較有效率的做法。

北京近日成立了兩岸版權交易中心，舉辦中國國際新媒體影視動漫節，台北也舉辦了「海峽兩岸圖書交易會」，這些都是讓版權交易更暢通、更透明的努力，透過正式且受到輔導、監督的平台進行交易可以免除許多問題，例如授權有瑕疵或詐欺等事件。

經濟部工業局擬訂「數位內容產業旗艦計畫」，希望成立2至3家華文電子書內容交易中心，推動閱讀創新應用，例如未來教室、掌上書城等，希望對內創造出100萬個數位閱讀人口，對外帶動數位產品出口，讓出版品獲得更大的生存空間。2009年8月31日行政院又核定通過「數位出版產業發展策略與行動計畫」，計劃在5年內投入21.34億元，希望促成數位出版產業1,000億的產值，推動10萬本中文電子書進入市場，同樣地，這些著作也會積極搶進國際市場。

前進

- 各種出版品都能夠透過版權交易將利益最大化。
- 除了可以獲利，國家也能達到文化行銷的目地。
- 國際書展與版權交易是常見的出版品交流管道。

書籍的版權交易通常透過出版社或版權代理進行！

中國大陸版權交易圖示

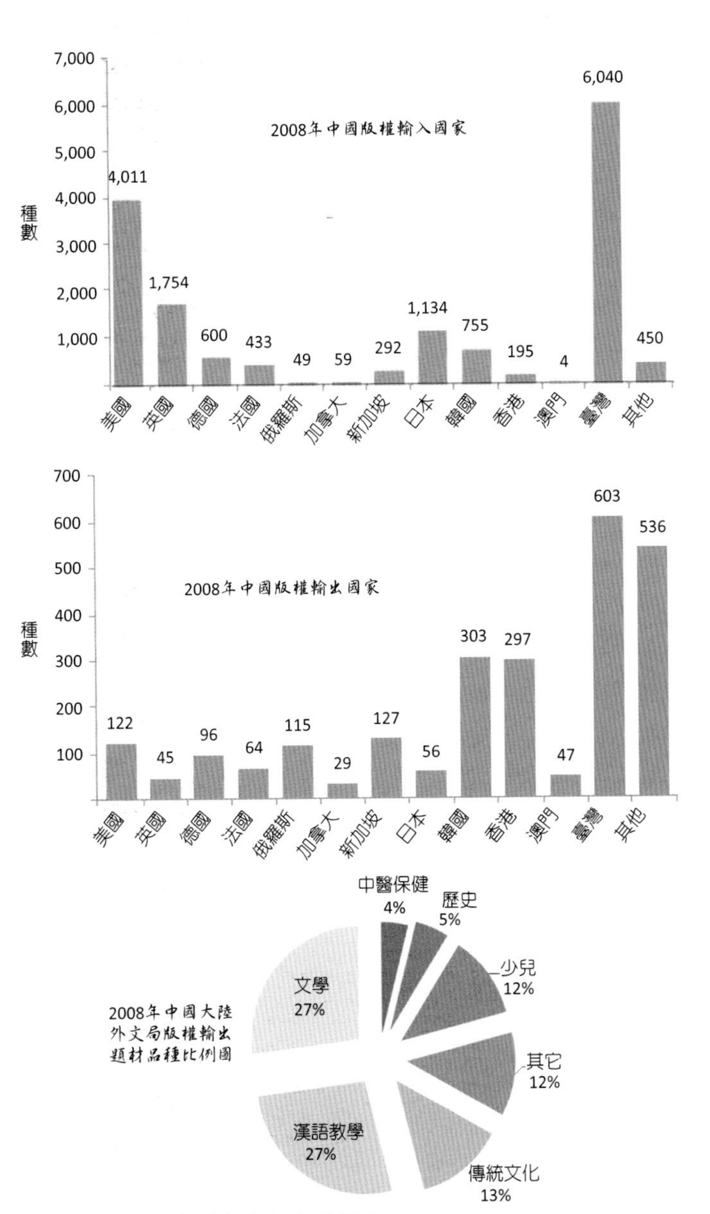

資料來源：中國網97年圖書出版產業調查

39 有趣的 80/20 法則

1897年，義大利經濟學家帕列托發現百分之20人擁有百分之80的財富，接著又觀察到現實中有許多資源分配比例都符合這項法則，例如：百分之20人完成百分之80的工作、百分之20的顧客滿足百分之80的營業額等，這種現象稱為帕列托法則（Pareto Principle），又被稱為80/20法則（80/20 Law）。

這個比例同時告訴我們，要把有限的資源分配在最能產生效益的地方，所以又被稱為最省力法則（Principle of Least Effort）. 在圖書館，正好也有許多統計數字符合這項法則，例如百分之20的圖書館館藏就能夠滿足百分之80的讀者、百分之20的讀者占圖書館流通量的百分之80. 在書店最顯眼的區域就放置最熱門的書報雜誌，因為大部分的讀者就是為了一小部分暢銷書而來。因此，將最精華的區域保留給最受歡迎的作品、將經費用於最熱門的資料似乎就變成了最「正確」的決定。那麼電子書興起之後，對書店和圖書館有何改變呢？

過去圖書館有精華區域，例如新書上架區，也有「密集書庫（Compact stack）」這種專為放置過期或冷門、罕用資料的專區，但自從資料數位化之後，由於它不具實體、被查詢的機會也高，又不需讀者特地前往密集書庫轉動沉甸甸的書櫃，也就是所有的資料都有相同的曝光機會，而那些被遺忘的資料在數位化之後確實較有機會重見天日。

有人認為在電子書的風潮下，經過數位化的資料可以起死回生，由冷門變成熱門，然而2004年Littman和 Connaway追蹤Duke大學圖書館內7880本同時具有紙本書和電子書兩種形式的借閱情形發現：不受歡迎的內容，不論是以紙本書形式或電子書形式出版都一樣乏人問津。追根究柢，好的「內容」才是吸引讀者購買或借閱的決定性關鍵吧。

前進

- 80/20法則已經被世人應用了100多年。
- 又稱最省力法則，可用最少資源創造最大效益。
- 電子書不像紙本書須付出上架空間和庫存的成本。

大部分的消費者都聚集在暢銷區！

80/20法則示意圖

40 有趣的長尾理論

相對於80/20法則強調將重點放在能夠獲益的主力商品上，長尾理論（The Long Tail）則正好與其相反，呼籲長銷品的力量不容小覷。這個理論來自於2004年《Wired》雜誌的總編輯Chris Anderson.

他指出許多產品的銷售曲線如圖，大家都投入最多心力於銷售初期，也就是深色的部分，Anderson稱之為頭部（head）；隨著時間拉長，銷售量降低之後，曲線就如同右側所示，也就是尾部（tail）。頭部與尾部的面積其實是相同的，而且只要時間夠長，尾部的面積甚至會大過頭部。

但是企業之所以全心衝刺頭部而放棄尾部利潤有其原因。以圖書銷售為例，一本書剛上市時銷量又快又高，隨著時間推移，銷售速度也愈來愈慢。而圖書上架需要付成本，即使售完一刷，還要再評估是否有足夠的市場需求以支持再刷，以免成本無法回收，因此到了尾部區的圖書不得不面對下架或絕版的命運以維持利潤。

以上種種考量，其實都圍繞在「成本」這個主軸，如果將圖書繼續放在書架上卻不需支付高額成本，那麼尾部就不再是高成本、低回收的企業負擔，這個轉變在圖書數位化之後得到了實現。電子書不需要印刷、庫存的成本，它只是一個可不斷複製的電子檔，其它的音樂、電影等商品亦然。亞馬遜書店也證實有許多非熱銷但仍有市場的商品已經為亞馬遜帶來可觀的獲利。

對圖書館的影響也是如此，有時某些話題、某部電影很可能又喚起人們對某類圖書的興趣，例如二次大戰的記錄、末日預言的書籍、科學家的傳記等，而這些電子書正可以及時滿足讀者的需求，卻也不顯泛黃、脆化等老態。

但與80/20法則相同的一點就是：不論給予市場多少時間，唯有好的商品才會得到消費者青睞。

前進

- 銷售曲線可劃分為頭部與尾部。
- 長尾理論強調尾部是以時間換取利潤。
- 降低時間成本就可以讓好的產品持續獲利。

圖書的銷售以長尾理論多見！

傳統的長尾書多是成本的負擔

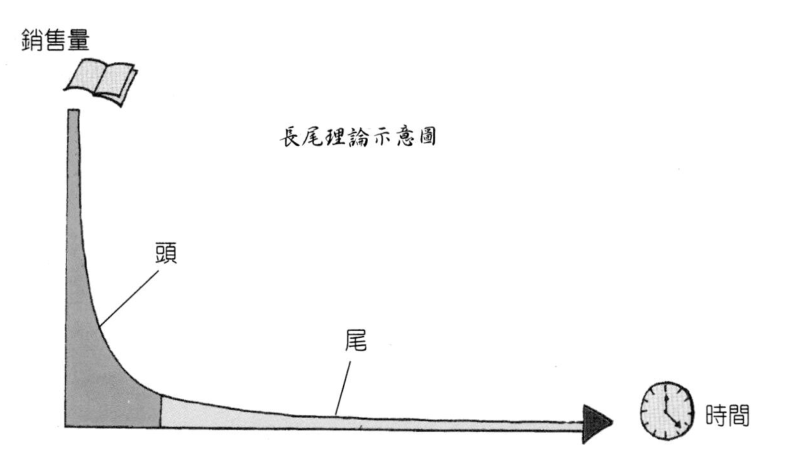

2008年讀者訂購但廠商沒庫存之品項數9,205種

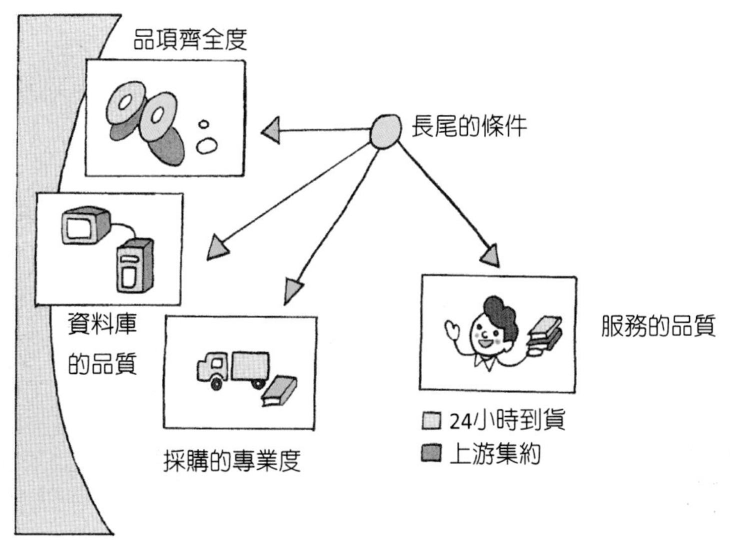

資料來源：2008博客來報告

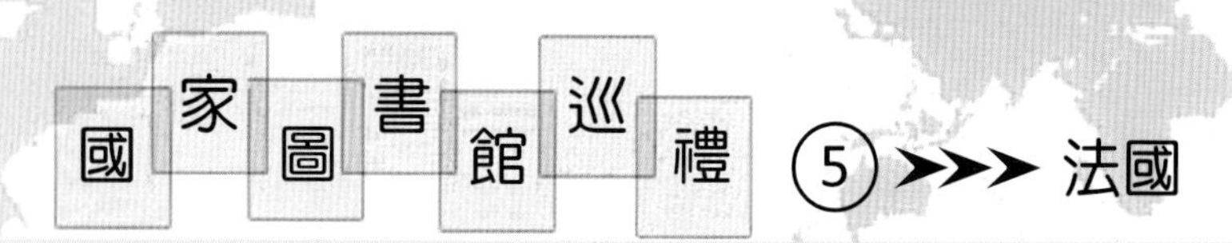

法國國家圖書館（Bibliotheque nationale de France，BnF）的前身是1368年由查理五世（Charles V）所設立的國王圖書館，原本是用來收藏豐富的皇家藏書，到了法蘭西斯一世（Francois I，1515-1547）時於巴黎市郊楓丹白露重建，並稱為皇家圖書館（Royal Library），再到了太陽王路易十四（Louis XIV，1638-1715）時代將圖書館遷至黎塞留（Richelieu）。1789年發生衆所周知的法國大革命，圖書館被接收，到了1792年圖書館開始對外開放，並且更名為國家圖書館（Bibliothèque Nationale de France，簡稱BnF）。

國家圖書館有五個分館，最主要的是位於巴黎市區的密特朗圖書館，（Francois Mitterrand Library）收錄資料最為豐富，包括圖書、古籍、期刊、微縮片、多媒體資料等，館藏可對外開放。黎塞留圖書館（The Richelieu Library）較為偏重非書資料（Non-book materials），如地圖、地球儀、圖片、名家手稿和重要古文物，共計將近2,000萬件。位於巴黎西區的阿斯納圖書館（The Arsenal Library）則以表演藝術關資料為主，包括圖書期刊、手稿、演出海報、樂譜、舞台設計等數百萬件。另外還有位於亞維儂的尚維拉之家（Maison Jean Vilar），和歌劇圖書館（Bibliothèque-Musée de l'Opéra），都是專門收藏音樂、舞蹈、戲劇資料的圖書館，。

現行的「法定送存制度」（見本書第44節-圖書的法定送存制度）正是由法國發起，之後其他各國紛紛援用，以法律規定強制徵收出版物。也正因為這個法令的執行讓世人得以親見法國當時的珍貴文物。法國國家圖書館在數位化方面也有亮眼的表現，Gallica就是法國國家圖書館的數位館，可線上閱覽許多數位化的館藏文物。

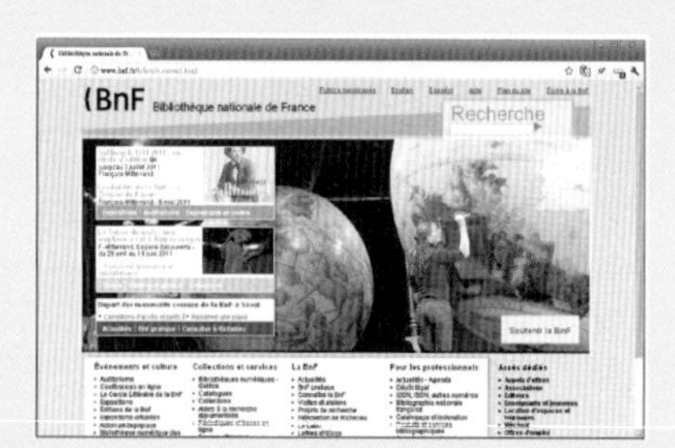

第6章
電子書與社會

41 綠色環保與碳足跡

雖說電子書宣稱環保，但現代環保觀念講求「碳足跡（Carbon Footprint）」的追蹤，也就是從生產到消費整個過程中所產生的二氧化碳都應該列入計算。因此單以電子書能保留多少樹木並不能完全代表它對環境的影響，應該要以製造電子書與電子書閱讀器所產出的CO_2與印刷紙本書籍相比才有意義。

以閱讀器的生命週期（Lifecycle）來說，先由原料採礦開始，到電子紙、面板、記憶體等硬體工廠的生產線製造，再到組裝、測試、包裝及運送，到消費端之厚也需要電力支援閱讀，當閱讀器的壽命結束或是被淘汰後，也需要特別的處理、回收；以上無一不產生碳足跡。用這個角度計算，紙本書的製造除了砍伐森林之外，包裝印刷、運輸等過程也都會產生CO_2。

如果一台閱讀器只儲存一本書，那麼確實一點兒也不環保。但事實上一台閱讀器可以儲存數千本電子書，研究指出製造一台Kindle所產生的CO_2約為168公斤，而每生產運輸22.5本紙本書所產生的CO_2也為168公斤，因此只要利用kindle閱讀22.5本電子書就正好抵消了製造閱讀器所產生的CO_2，也就是說其後每次閱讀電子書，它的環保效益就開始發揮。除了電子書之外，線上音樂、線上電影也都可以減少對環境的傷害。

在數位相機普遍之前，一張照片的產生必須從生產相機、底片開始，加上顯影藥水、相紙及相簿等；而數位相機出現後，已經無需底片和藥水即可利用顯示幕觀看，還可以將檔案上傳到Picasa等網路相簿，對環境更加友善。但是與電子書一樣，許多人還是對於無實體在手產生不安心、不自在的感覺，所以「環保」還需要所有地球村民從自身的習慣、觀念做起才能對環境有顯著的幫助。

前進
- 碳足跡須計算商品生產之初到淘汰之間產生的CO_2。
- 製造一台Kindle約產生168公斤的CO_2.
- 不同世代消費者對數位產品有不同程度的不安。

選擇對地球最友善的製程

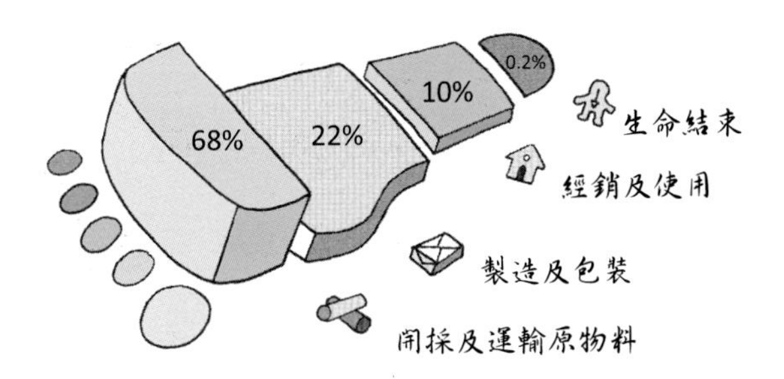

生產者和消費者應考慮每項產品的碳足跡。

台灣各類消費行為之碳足跡佔比

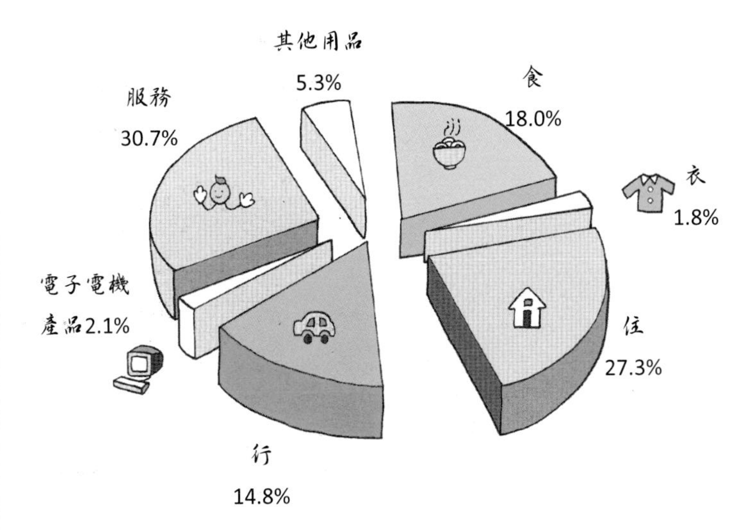

資料來源：趙家緯，洪明龍；推動碳足跡 台灣慢了七年，CSR Taiwan，2010。

42 數位落差（Digital Divide）

數位落差（Digital Divide）這個詞最早出現於1990年中葉，指的是「透過數位科技而受益」及「未能從中受益」兩者間的差距。所謂的「數位科技」會隨著時間推移產生不同的對象，例如過去可能是指電腦，現在則傾向於網路、行動通訊等。

數位落差發生在性別、年齡、種族、城鄉、經濟能力、國家間，而消彌這些差距就成為各國政府努力的課題。一般來說，要消彌數位落差會由兩方面著手：一是增加弱勢者接觸數位科技的機會，二是加強弱勢者應用數位科技的能力。

由網路使用統計可以看出，數位落差在洲與洲、國與國之間相當明顯，而由行政院研考會所進行的統計也發現台灣在年齡（41-50歲前後）和城鄉之間的數位落差相對較大，性別間的差異則不大。政府和社團可藉著這些數據制訂資訊教育政策，例如透過圖書館提供數位內容，透過社教機構提供數位學習課程，或是鼓勵、補助出版數位內容等。

有人認為電子書的出現可縮短部分數位落差：1.首先電子書的價格普遍較紙本低，可減輕經濟負擔，2.其次透過電子書網站，許多原本在當地借不到或買不到的書，現在只要上網就可以購得，沒有城鄉、國界的差異，3.若以「電子書包」代替紙本課本，所有學生都有機會強化數位科技經驗，拓展視野。

然而電子書也可能加深數位落差，首先是閱讀器的價格高昂，形成經濟弱勢者的門檻，其次是軟體尚待加強，例如：英語資料遠多於其它語言資料，造成英語人口比其它語言人口更能快速接受行動閱讀技術。除了被動成為資訊弱勢者之外，有些人則是完全沒有意願積極成為網路使用者，這些人口都會影響一國數位落差的改善程度。

前進

- 數位落差在不同族群間的強度也不同。
- 在台灣，41-50歲世代是數位應用能力的分水嶺。
- 圖書館常舉辦各種消彌數位落差的免費課程。

全球網路使用與涵蓋率統計

地區	人口（2010預估值）	網路人口 2000/12/21	網路人口 最新資料	占地區人口比例(%)	成長率(%)	占全球人口比例(%)
非洲	1,013,779,050	4,514,400	110,931,700	10.9	2,357.3	5.6
亞洲	3,834,792,852	114,304,000	825,094,396	21.5	624.8	42
歐洲	813,319,511	105,096,093	475,069,448	58.4	352.0	24.2
中東	212,336,924	3,284,800	63,240,946	29.8	1,825.3	3.2
北美	344,124,450	108,096,800	266,224,500	77.4	146.3	13.5
拉丁美洲	592,556,972	18,068,919	204,689,836	34.5	1,032.8	10.4
大洋洲/澳洲	34,700,201	7,620,480	21,263,990	61.3	179.0	1.1
總計	6,845,609,960	360,985,492	1,966,514,816	28.7	444.8	100.0

資料來源：http://www.internetworldstats.com/stats.htm

2010年前十大網路人口使用語言

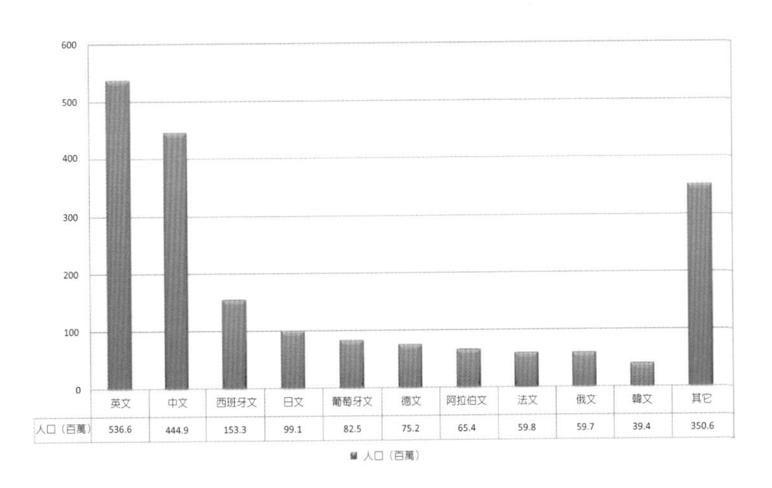

資料來源：http://www.internetworldstats.com/stats.htm

43 電子書與消費者權益

數位內容可以被輕易的複製，並不會因為複製的次數增加而使品質遞減，所以盜版猖獗一直是令作者和出版商頭痛的問題。數位權利管理（DRM）被應用在電子書雖然是一個莫可奈何的做法，但也已經衍生出許多尚待解決的問題。

1. 所有權：過去我們購買紙本書，看完之後可以借給朋友或當作二手書出售，這是消費者的權力，但是碰到了電子書這項產品卻發現問題重重。因為消費者若購買了安裝DRM的電子書，不論複製次數或安裝次數都會被限制。達到安裝上限的電子書要如何轉借/轉售？沒有達到上限者，是否可以變相的一書多賣？
2. 隱私權：2009年7月17日，亞馬遜書店利用無線技術將George Orwell撰寫的電子書《1984》及《Animal Farm》由消費者所購買的Kindle內刪除，然後將原書款退給消費者。雖說被刪除的僅限於版權有爭議的版本，但這已經嚴重傷害消費者權益。有人形容這就像買了書，某天書店突然派人到自己屋內將書強制收回，並留下當初購書的錢做為補償。亞馬遜已經為此舉道歉，但這也暴露出：當消費者購買的數位商品仍可被他人遠端控制時，要如何確保自己的權益不會在下一秒受到損害？
3. 資料修改：儲存在雲端的電子書具有更新速度快，可以隨時訂正錯誤的優點，但如果今天讀者看到一篇不經查證、且傷害權益的報導時，出版者只要上線修改內容就可以讓證據化為烏有，那讀者要如何舉證?

新的技術總是帶來新的希望和挑戰，要如何讓新技術造福並平衡出版者、消費者的權益，就有待各界進一步的努力了。

前進

- 數位複製太過容易，以致電子書的出版意願不高。
- 安裝DRM的電子書是限制者處分所有物的能力。
- 某種說法上，消費者只購買了使用權而非所有權。

改變出版品所有權

消費者對電子出版品的所有權與紙本出版品不同。

44 圖書的法定送存制度

法定送存（Legal Deposit）制度在1537年12月28日開始於法國。當時通過的蒙彼利埃敕令（Ordonnance de Montpellier），規定出版品發行時必須繳送皇家圖書館（Royal Library），否則將受到重罰。這個法令執行的成效非凡，讓當時的各種出版品包括海報作品都被保存下來。17世紀初的英國也採用這種送存制度，18到19世紀則普及至歐洲各國。

印刷品送存機構通常是國家圖書館（National Library）等級的單位，因為國家圖書館負有保存文化、整理文獻的責任，並可掌握出版品的動態，可製作全國出版品目錄供國際參考、交流。而法定送存制度常規定於出版法或是圖書館法。我國現行圖書館法第2條規定：

本法所稱圖書館，指蒐集、整理及保存圖書資訊以服務公眾或特定對象之設施。前項圖書資訊，指圖書、期刊、報紙、視聽資料、電子媒體等出版品及網路資源。

又，第15條明定：為完整保存國家圖書文獻，國家圖書館為全國出版品之法定送存機關。政府機關（構）、學校、個人、法人、 團體或出版機構發行第二條第二項之出版品，出版人應於發行時送存國家圖書館及立法院國會圖書館各一份。

2002年在學術界舉足輕重的知名STM（科學、技術、醫學）期刊出版商Elsevier與荷蘭皇家圖書館（Koninklijke Bibliotheek，KB）達成協議，除了Elsevier出版的1500餘種期刊將送繳數位檔予荷蘭皇家圖書館保存，也將回溯已出版的資料並以數位檔案送存。

我國紙本出版品送存達成率約85%，但電子出版品由於範圍和定義不明確，推動有困難，目前只有政府電子出版品的徵集較為完整。要解決出版社對電子出版品送存的疑慮，可考慮送存的資料僅做為保存之用，開放讀者使用的資料需以採購方式入館，以保障出版者的權益。

前進

- 法定送存制度須要有強制力。
- 法定送存機關通常是國家圖書館層級的單位。
- 數位出版品的送存率不高，因出版權益有受損疑慮。

在台灣只有政府電子出版品的徵集較為完整！

國家圖書館徵集出版品

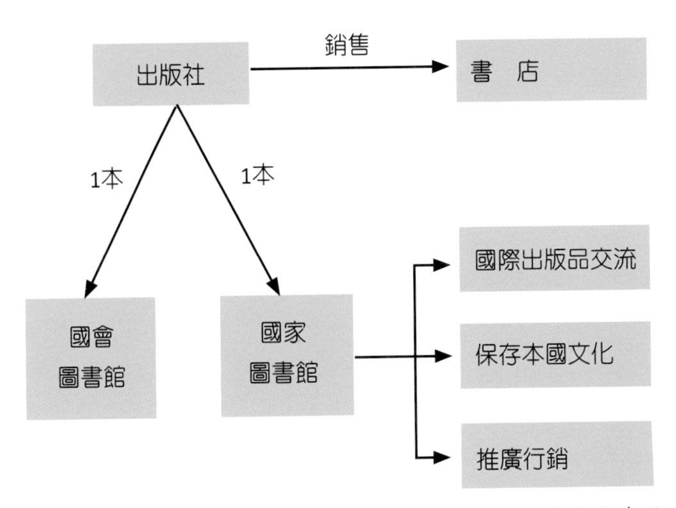

台灣現行圖書館法規定出版品應送繳國家圖書館及立法院國會圖書館各一份。

同時徵集一般出版品與電子出版品

網頁徵集紙本與電子出版品看板。

資料來源：新加坡國家圖書館。

45 圖書館提供館際合作是合法的嗎？

沒有任何一座圖書館擁有古今中外所有資料，它只能根據圖書館的成立宗旨、讀者需求和經費、空間等條件採購最適合的資料，不足的部分則透過「館際合作」來補強。館際合作的「借閱」服務較少爭議，最常被討論的是資料的重製權。

依據我國著作權法第48條規定，供公眾使用的圖書館或其他文教機構，可在下列情況下重製館藏資料：1.為了研究目的對已公開發表的著作、或期刊或已公開發表之研討會論文集提出申請，每人以一份為限。2.基於保存資料之必要而進行重製。3.針對絕版或難以購得之著作，圖書館可應同性質機構之要求進行重製。

再以美國著作權法為例，第一章、第108條d項說明：讀者可因個人學習、學術及研究的目的申請資料複製，期刊以一篇、其他資料則以一部分（a small part）為限，而重製資料的所有權屬於申請者。至於圖書館為了保存資料而進行的備份僅限於現有館藏，音樂、圖片、影片、立體造型等資料不得重製。

知名的大英圖書館文獻傳遞中心（British Library Document Supply Center，BLDSC）對於文獻傳遞訂定相當嚴格的條件及標準，當申請人資格不符，例如資料為商業用途、申請者為商業機構、申請一份以上相同資料等等情況時就必須付費「購買」資料，由大英圖書館代收費用，並於每年4月將版稅結算給版權所有人，讓著作權人更樂意分享智慧財產。這種方式不論對於圖書館的資訊中介者角色，或是申請者的資訊需求者、著作權人的權益都能夠兼顧。

註：館際合作包括圖書、期刊的互借或互印，如果圖書館擁有資料「所有權」，就可與它館讀者共享資源，如果只是繳交年費購買「使用權」，那麼它館讀者就必須親自至對方館內使用，而不可透過館際合作取得資料。

前進
- 透過單一圖書館作為窗口，讀者就可利用他館資料。
- 館際合作通常指文獻複印和文件借閱。
- 館際合作需有嚴謹規定以保護著作權人的權益。

大英圖書館提供文獻資料傳遞表格

Document Supply

Boston Spa, Wetherby,
West Yorkshire
LS23 7BQ

BRITISH LIBRARY DOCTORAL THESIS AGREEMENT FORM

The British Thesis Service is designed to promote awareness of and improve access to the results of publicly funded British Doctoral Research.

Records of theses in the scheme are available for searching in The British Library Public Catalogue (www.blpc.bl.uk) and the *Index to Theses* published by Expert Information Ltd (www.theses.com).

On demand access is provided for individual researchers and libraries from a single, central collection of more than 170,000 doctoral theses.
See www.bl.uk/britishthesis for more information

Access Agreement

Through my *university/college/department, I agree to supply the British Library Document Supply Centre, with a copy of my thesis.

I agree that my thesis may be copied on demand for loan or sale by the British Library, or its agents, to requesting libraries (who may add the copy to their collection for loan or consultation) or individuals. I understand that any copies of my thesis will contain the following statement:

This copy has been supplied on the understanding that it is copyright material and that no quotation from the thesis may be published without proper acknowledgement.

I confirm that the thesis and abstracts are my original work, that further copying will not infringe any rights of others, and that I have the right to make these authorisations. Other publication rights may be granted as I choose.

The British Library agrees to pay me a royalty of ten percent on any sales of the second and subsequent copies of my thesis per year. The royalty will be paid annually in April.

In order to be eligible for such royalties, I agree that my obligation is to notify the British Library of any change of address.

Author's signature ______________________________ Date ______________

* please delete as applicable.

資料來源：大英圖書館

46 數位資料與館際互借的關係為何？

國內最大的館際合作系統是由科資中心所建置的「全國文獻傳遞服務系統NDDS」，任何人只要成為會員館的持證讀者就可以透過系統申請讀者帳號，再向其它成員館申請資料。例如持有北市圖借書證的讀者就可以申請NDDS帳號後向國內、外各圖書館申請借閱或影印文獻，即使是大英圖書館的資料也能輕鬆取得。

到了數位時代，內容由紙本變成檔案，複製和傳播變得快速又容易，如果圖書館放任電子資料被任意傳播，那麼著作人的利益會快速被侵蝕，而「一館付費、全國使用」的情況也可能發生。

為了保障著作人的利益，讓知識產業永續發展，圖書館對於電子資料的傳遞就有較為嚴格的規定。一般而言，電子期刊不列入文獻傳遞的範圍，因為圖書館訂購電子期刊是取得「使用權」而非「所有權」，他館讀者要親自到館方可使用。而電子書常是以「買斷」方式入館，因此可依據購買的冊數提供外借或部分列印。

以成大讀者向台大申請期刊論文為例，台大為了節省讀者等待時間，可掃描紙本的期刊論文並將電子檔傳送到成大圖書館，接著由負責館員將檔案印出，通知申請人到館取件以節省郵遞費用和時間，但決不可將電子檔直接寄給申請人。

如果申請人向台大申請的是電子期刊的內容，那麼台大就必須拒絕這項申請，因為台大擁有的是電子期刊「使用權」而非「所有權」，所以必須由申請人親自到成大圖書館使用。但如果台大在訂閱紙本期刊的同時，出版社又提供電子期刊給圖書館試用，那麼就可以將電子檔寄給成大，由成大印出交給申請人。

當多所圖書館共同採購，有時可取得較佳條件讓聯盟館共享資源。例如台師大的讀者可向台大、政大、淡江、國家圖書館申請電子期刊論文，但圖書館必須列印後以紙本形式交付申請者。

前進

- NDDS全國文獻傳遞服務系統是國內最大的館合系統。
- 國內館際合作成員可透過NDDS向國外申請文獻。
- 數位資料必須轉為印刷資料後才能交給文獻申請人。

透過館際合作可取得他館資料！

全國文獻傳遞服務系統

台灣大學與成功大學館際合作

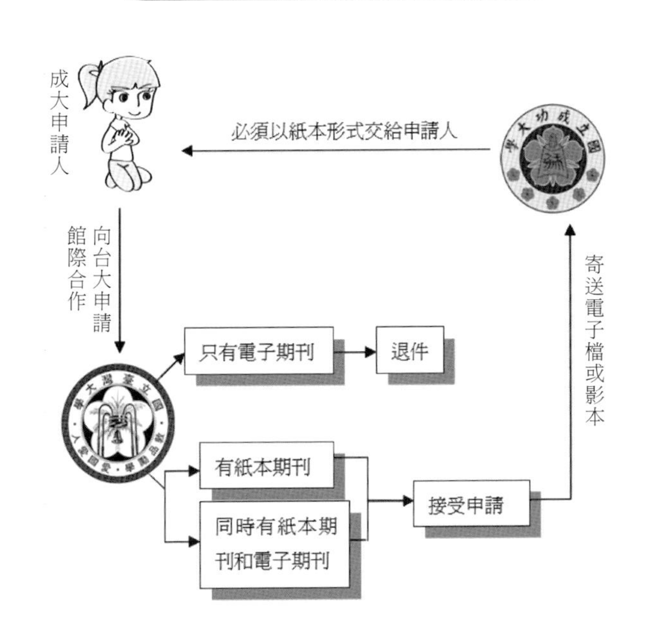

47 公共借閱權的觀念

愈多人由圖書館取得資料，可能表示愈少人購書，這樣的情況造成圖書館與著作人之間的對立，但是為了防止經濟能力造成資訊落差，各國政府不得不犧牲著作人的部分利益，而圖書館就在這樣的情況下擔任提供知識的角色。

圖書館的採購經常是很大的數字，尤其對於一些大部頭的套書，例如：百科全書、類書來說更是重點市場，可是這些銷售數字的背後又隱藏著其它利益的損失，也就是每當圖書館購買一本書，意味著在此同時有數位潛在消費者會選擇不購買，而向圖書館借閱，尤其是只看一次就能滿足，而不會想要購買收藏的資料，例如暢銷小說。

視聽資料對此有所謂「公播版」與「家用版」的方案，如果圖書館要公開播放就必須選購公播版才合法，通常價格為家用版的5倍。但若圖書館允許讀者外借回家觀賞，或是在館內個人單獨觀賞，那麼只要購買家用版即可。

而國外有所謂「公共借閱權」（Public Lending Right）的觀念可供參考。丹麥小說家Thit Jensen在1918年提出：每當她的作品在圖書館被借閱一次，國家就應該對她做出定額補償。這項主張在1946年終於被國家認可，也就是「公共借閱權」的開端，這項主張是為了彌補著作人（包括譯者）遭受的損害，而由國家編列補助經費給著作人，是同時顧及公共利益與私人利益的折衷方式。時至今日共有23個國家實行這項補償方案，多數為北歐國家。

圖書館的資料來自於作者，沒有作者就沒有圖書館，但圖書館卻經常損害作者的利益，或許「公共借閱權」的做法不失為一個雙贏之道。

前進

- 圖書館藏每被利用一次暨出版者損失一次銷售。
- 公共借閱權是以國家補貼方式平衡著作者損失。
- 目前共有23國實施公共借閱權補償方案。

讀者取得資料途徑

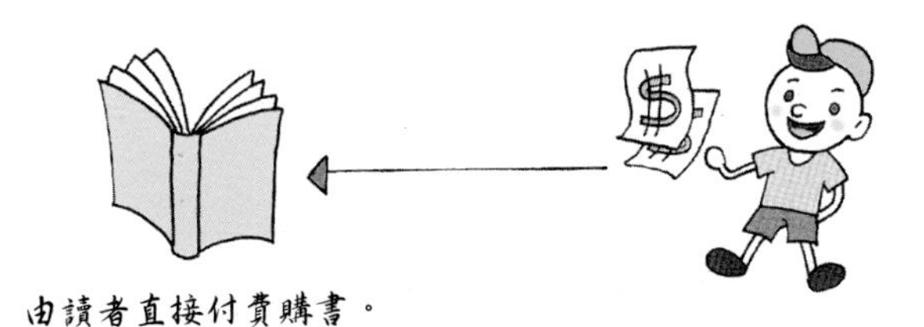

由讀者直接付費購書。

讀者每向圖書館借書一次，圖書館必須付費給出版社及作者。

實施公共借閱權的國家

Austria	Iceland	Slovenia
Belgium	Ireland	Spain
Czech Republic	Italy	Sweden
Denmark	Liechtenstein	UK
Estonia	Latvia	Australia
Faroe Islands	Lithuania	Canada
Finland	Luxembourg	Israel
France	Netherlands	New Zealand
Germany	Norway	
Greenland	Slovakia	

資料來源：http://www.plrinternational.com/faqs/faqs.htm#recognise

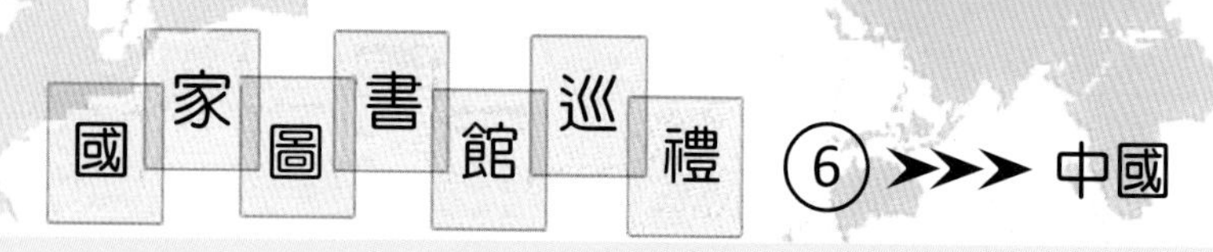

位於北京市的中國國家圖書館（簡稱國圖）的前身是籌建於1909年的京師圖書館，推翻滿清之後開始對外開放，對一般民衆提供服務。之後館名經過數次更改，最後再於1998年由北京圖書館再更名為國家圖書館至今。圖書館共有兩個分館，總館及古籍館。

總館：

一期館：於1987年落成，位於紫竹院公園北側，綜合性的收錄各種圖書資料，以提供中外文文獻、協助研究工作為主。

二期館：配合中國「十五計畫」，引進科技及數位化技術，以提供電子資源和近期中文出版品為主，較偏向一般讀者服務。

古籍館：位於北海公園西側，館舍是古色古香的宮殿建築，館藏多為古籍、珍本、善本。

國家圖書館的館藏當中，約有五成為中文資料，另外五成為其他115種語言的著作，是全中國最大的文獻資料中心。除了保存圖書文獻之外，館內也收集了重要名家手稿、革命歷史文獻資料和博士學位論文。同時該館也是聯合國和其它各國政府出版品（official publications）的指定收藏館。中國國家圖書館不但是全世界中文書藏書量最大的圖書館，同時其館舍面積亦登上世界第三大的排行。

中國國家圖書館是綜合型圖書館，不論國籍，只要年滿18歲的民衆都可以使用。除了到館使用之外，該圖書館也進行「中國數字圖書館工程」，將館藏數位化，並以「中國國家圖書館-數字圖書館」的網站對外提供服務。台灣讀者可以透過國家圖書館的館際合作向「中國國家圖書館文獻提供中心」申請「國際互借」等便利服務。

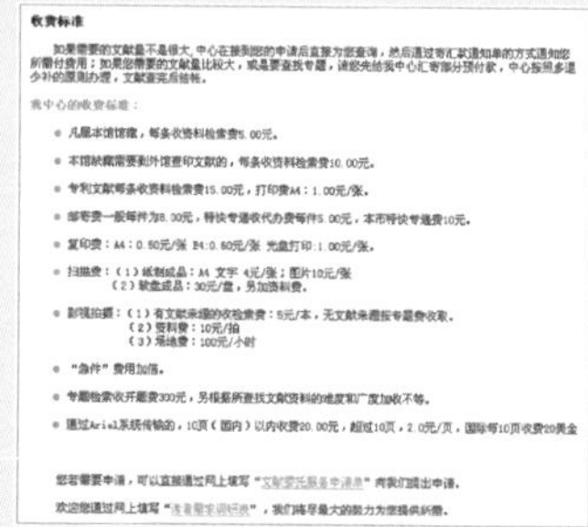
收费标准

如果需要的文献量不是很大，中心在接到您的申请后直接为您查询，然后通过寄汇款通知单的方式通知您所需付费用；如果您需要的文献量比较大，或是要查找专题，请您先给我中心汇寄部分预付款，中心按照多退少补的原则办理，文献查完后结帐。

我中心的收费标准：

- 凡属本馆馆藏，每条收资料检索费5.00元。
- 本馆缺藏需要到外馆查印文献的，每条收资料检索费10.00元。
- 专利文献每条收资料检索费15.00元，打印费A4：1.00元/张。
- 邮寄费一般每件为8.00元，特快专递收代办费每件5.00元，本市特快专递费10元。
- 复印费：A4：0.50元/张 B4:0.60元/张 光盘打印:1.00元/张。
- 扫描费：（1）纸制成品：A4 文字 4元/张；图片10元/张
  （2）软盘成品：30元/盘，另加资料费。
- 影视拍摄：（1）有文献来源的收检索费：5元/本，无文献来源按专题费收取。
  （2）资料费：10元/拍
  （3）场地费：100元/小时
- "急件"费用加倍。
- 专题检索收开题费300元，另根据所查找文献资料的难度和广度加收不等。
- 通过Ariel系统传输的，10页（国内）以内收费20.00元，超过10页，2.0元/页，国际每10页收费20美金

您若需要申请，可以直接通过网上填写"文献委托服务申请单"向我们提出申请。

欢迎您通过网上填写"读者需求调研表"，我们将尽最大的努力为您提供服务。

Part 4

成爲聰明的知識管理者——數位資料收集+管理一次上手！

第7章

喜愛閱讀的人看過來

圖 解 電 子 書 圖 書 館

48 怎麼選好書？

喜歡閱讀的人並不孤單，透過網路的號召和傳遞，愛書人不但突破傳統社區型的讀書會結構，甚至可與世界各地的同好交流。讀書會所列出的書單都經過某種程度的評鑑，不論是會員推薦、名人介紹、書評或得獎作品，都可能是促成被選讀的原因。而主題明確的讀書社群就更能吸引同好，參加者得到的收獲也更多。讀書會的主題通常圍繞著某個興趣或領域，會員藉由閱讀指定讀物學習知識、推理分析、開發創意，還可拓展人際關係和視野。

常見的讀書會有英、日文讀書會、親子讀書會、宗教讀書會、健康讀書會或專業讀書會，例如企業管理讀書會。在過去，讀書會需要本人參與，現場表達意見並互相提問討論，但地域的限制常使有興趣的人無法加入，尤其對想要參加國外閱讀社團的人來說也是一種遺憾，但現在透過網路號召同好，透過網路購買電子書、透過網路參與閱讀、討論，沒有國內、國外的距離。

除了讀書會這種比較積極的閱讀活動之外，單純想要獲得好書資訊的讀者還可參考各大社團評選的書單，例如優良童書、百大好書、得獎作品、暢銷書排行榜等。通常圖書館、報章雜誌、學會、連鎖書店以及愛書人主持的網站或部落格都經常舉辦好書評選的活動。

至於喜愛古典樂的人可參考俗稱「企鵝評鑑」的「企鵝指南」年鑑，喜愛電影的人可在著名的New York Times閱讀自1960年至今的影評（film reviews）或權威雜誌 Film Review，由於這些評鑑會說明推薦理由和優缺點，或是與其他版本的比較，因此相當值得一讀。這些評鑑都都推出了電子版本，可讓愛樂者或影迷線上購買。

前進

- 讀書會是幫助讀者選書及深度閱讀的入口。
- 每個讀書會都有其關注的主題領域。
- 網路讀書會突破時空和個性限制，讓更多人參與。

建立自己的電子書櫃

可以透過網路上的書評或者個人Blog等選好書。

資料來源：亞馬遜shelfari網站

49 書摘書評這裡找(一)

網路上有許多推薦好書的網站，只要輸入「讀書會」、或「Reading circle」、「book review」等關鍵字就可以找到許多推薦好站。這些網站有的由權威人士或機構所評選，有的則是一般讀者的隨筆、網誌，兩者所評選的角度、觀點可能不同，通常專業人士的評論較有深度，但是一般讀者沒有包袱、沒有私心，反而可以暢所欲言，成為書評的另一個特色。以下介紹的是幾個極有人氣的好站：

1. 菁英網路讀書會：分為企業讀書會和個人讀書會兩大類，企業讀書會介紹的是關於企業管理、投資創業、經濟趨勢等資料，個人讀書會則範圍較廣。每本書都有簡介、導讀文字及導讀簡報檔（.ppt），同時也會提供電子試讀檔，可閱讀部分篇章內容。
2. 博客思聽中文有聲書摘：由於出版的圖書太多、能閱讀的時間太少，因此該網站提供中文暢銷書的有聲書摘，讓讀者以聽眾的身分隨時獲取新書資訊。書摘是mp3格式，必須加入會員之後方可使用，可線上收聽或下載後收聽。由於係免費服務，因此每段書摘播放前會有一段廣告，藉由廣告商的贊助以平衡網站收支。
3. 愛・閱讀iReading：天下文化所建置的閱讀社群網站，一般讀者可以直接看到他人的閱讀分享和討論回應，以及給予的推薦星號。註冊會員之後，還可以提問及發表意見。
4. 豆瓣：豆瓣（douban）網成立於2005年，是一個簡體中文網站，分為讀書、電影、音樂三大部份。任何人都可自由撰寫書評、影評和樂評，以《達文西密碼（The Da Vinci Code）》為例，目前有4百多篇評論，而在《愛・閱讀iReading》中則僅有1百餘篇的評論。

前進

- 書摘是原汁原味傳達作者意志的摘要文章。
- 書評是評論者加入個人意見後的論述文章。
- 素人與專業人士撰寫的書評各有不同的優缺點。

在閱讀社群網站找書評

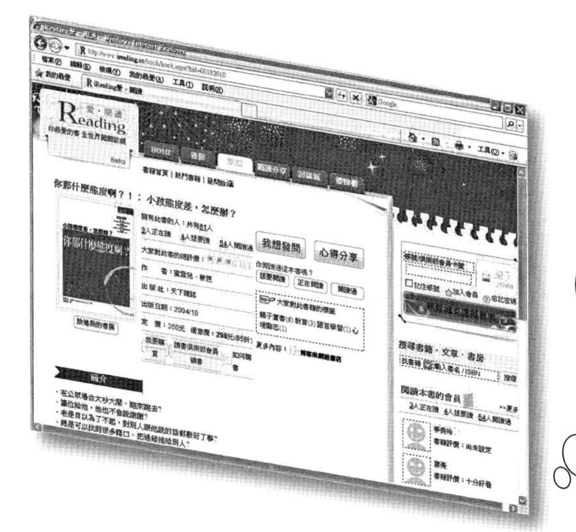

網路書評呈現方式非常多樣，如網路書店的讀書書評，或者是作者與編輯的互動部落格等。

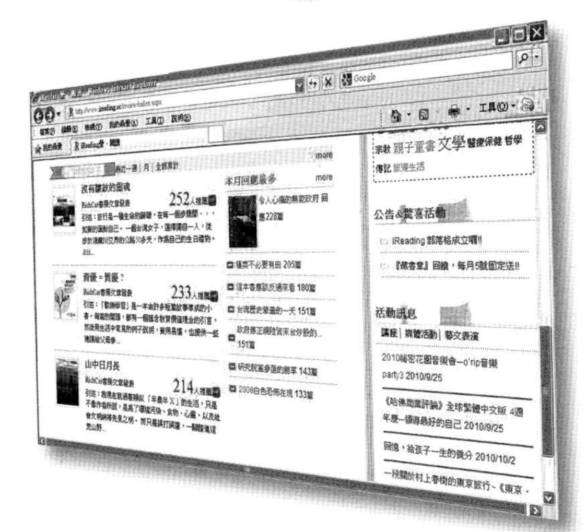

資料來源：IReeding網站

50 書摘書評這裡找(二)

5.**Booklist**：美國圖書館協會（American Library Association, ALA）所出版的Booklist期刊已超過100年歷史，由專業人士進行評選，每年都推薦超過8000種書籍、有聲書、參考書、影片和DVD。目前有Booklist Online可供線上閱覽。

6.**Choice**：*Choice: Current Reviews for Academic Libraries*是專為圖書館採購學術資料而設計的評鑑月刊，由專業人員負責評鑑學術圖書、數位資料以及網路資源。至今已有超過15萬篇評論，許多圖書館在採購館藏時都會參考Choice的評等。

7.**Shelfari**：由亞馬遜書店建置的網路書櫃，由讀者自由發表評論，在購書之前可以先上網看看他人的評論，有星號評鑑、討論區和書評。

8.**goodreads**：由goodreads公司建立的書評網站，設有ebook專區，提供電子書試閱的服務，goodreads網站頗具人氣，不論是星號評比和撰寫書評的數量都遠遠超越shelfari，以Dan Brown撰寫的《The Da Vinci Code》為例，就有多達2萬多篇的評論可供參考，同時間shelfari的書評及討論共計7千多篇。

9.**Google Book**：在Google Book搜尋到的圖書資料都附有書評和星號評比，熱門圖書所收集到的意見也相當驚人，同樣以《The Da Vinci Code》為例，Google Book亦有2萬多篇的評論。

另外，獲獎作品也是一個極佳的選書途徑，如：諾貝爾文學獎，中國的茅盾文學獎、魯迅文學獎，日本文學大獎「直樹賞」，以及台灣本土的信誼幼兒文學獎、金書獎、圖書金鼎獎、優良政府出版品、好書大家讀、國家出版獎、金漫獎，聯合報「讀書人」及中國時報的「開卷」等都值得作為選書參考。

前進

- Booklist是圖書館選購館藏的重要參考依據。
- 瀏覽書摘後再決定是否詳讀，可節省不少時間。
- 練習撰寫書摘及書評可以訓練思考和批判的能力。

購書前先多方參考書評

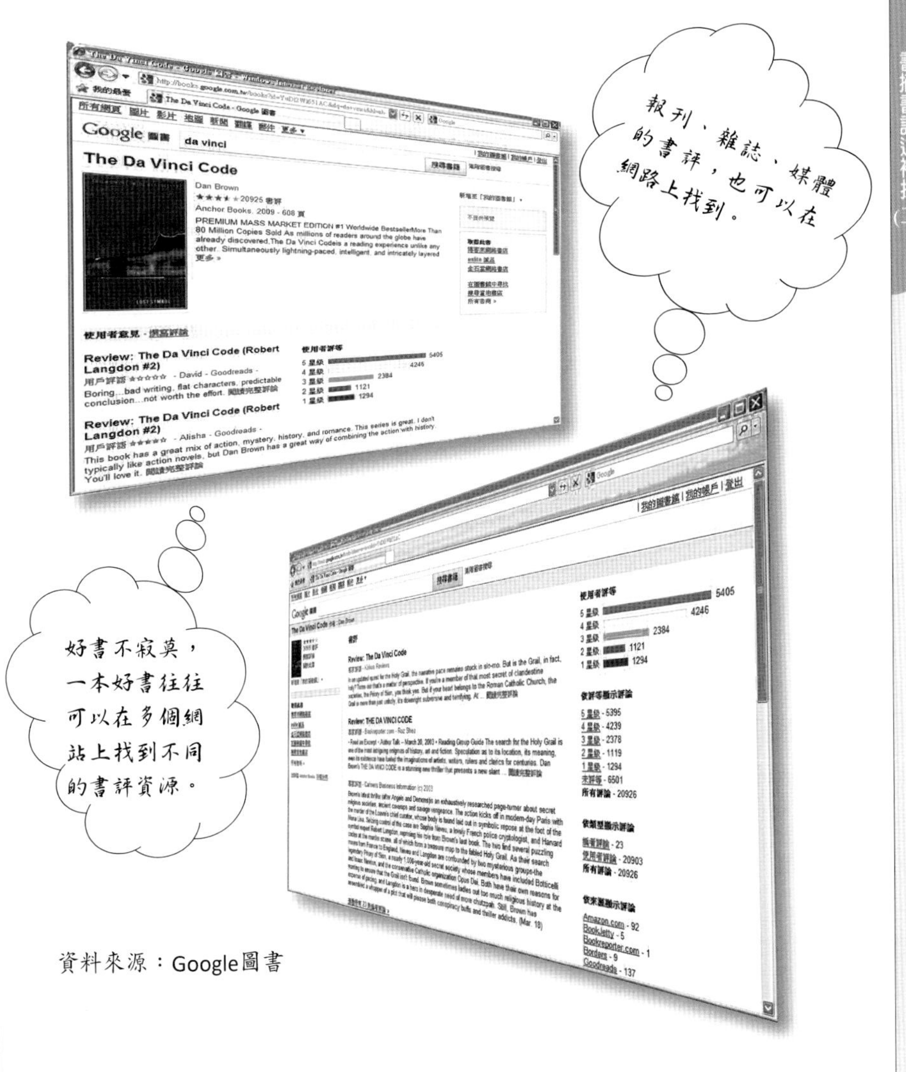

資料來源：Google圖書

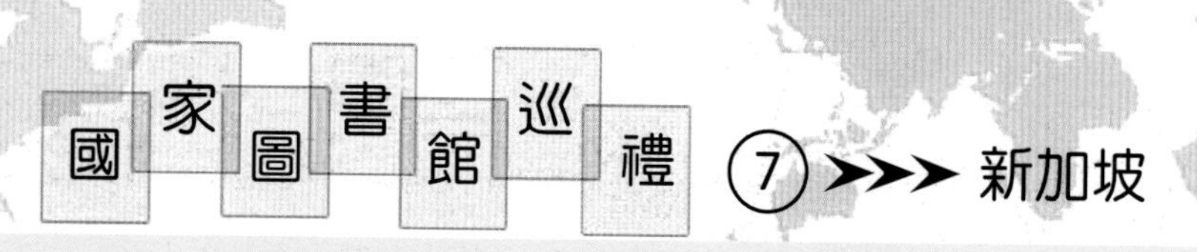

新加坡的國家圖書館委員會（National Library Board Singapore）掌管公共圖書館 (Public Libraries) 以及國家圖書館（The National Library）兩大部門，而國家圖書館則是擔任國家書庫的角色，負責保存文獻資料和文物，並提供參考服務，提升個人和企業的競爭力。

國家圖書館（The National Library of Singapore）成立於1823年，是一座歷史悠久的圖書館。其主館又分為國家參考圖書館（National Reference Library）和中央社區圖書館（Central Community Library）。以2005年的數據來看，其語言比例約為英文（63%），中文：（23%），馬來文（7%），以及印度泰米爾文（3.5%）。除了一般印刷品之外，也特別致力於網路圖書館的發展。

該館的電子出版品相當豐富，電子書超過百萬冊，有39種語言的電子報紙、超過90萬種電子期刊，以及各種電子資料庫。

新加坡國家圖書館最讓人津津樂道的是它徹底實施使用者付費規定。要利用圖書館，首先必須申請成為會員。而會員又分為依據不同國籍和不同等級而收取不同的費用，除了註冊費之外，每年還必須繳交年費。成為會員後才能夠取得借書和參考諮詢的服務。至於預約圖書一樣需要付費，基本收費是一件資料（書、雜誌）1.55新幣。

新加坡圖書館的服務量非常大，館藏又豐富，但卻能以極精簡的館員人數達到高服務品質，這一切都有賴自動化的幫助，例如引用 RFID 技術，大量降低人力需求，各國圖書館專業人員也經常前往新加坡國家圖書館參訪，了解效率和服務如何並重的秘訣。

	SINGAPOREANS	PERMANENT RESIDENTS	FOREIGNERS
REGISTRATION	Free	$10.50	$10.50 (payable again upon renewal, if membership has expired for more than 6 months)
BASIC MEMBERSHIP ANNUAL FEE	Free	Free	-
FOREIGN MEMBERSHIP ANNUAL FEE	-	-	$42.80
PREMIUM MEMBERSHIP ANNUAL FEE	$21 (for 1 year) $39 (discount of $3 for 2 years) $56 (discount of $7 for 3 years)		-
PREMIUM PLUS MEMBERSHIP ANNUAL FEE	$42 (for 1 year) $78 (discount of $6 for 2 years) $112 (discount of $14 for 3 years)		-

DESCRIPTION	FEES AND CHARGES
RESERVATION	$1.55 per book/magazine/ audio-visual item
OVERDUE FINES	-$0.15 per book/magazine per day -$0.50 per audio-visual item per day
LOST/DAMAGED LIBRARY ITEMS	Charges include: -cost of the item lost/ damaged -administrative fee of $7.15 per item lost/ damaged -$1.05 for each lost/ damaged video tape/CD- ROM casing
REPLACEMENT OF LOST MEMBERSHIP CARDS	-$1.00 for children below the age of 15 -$5.00 for those aged 15 and above

第8章 行動學習資源

51 電子書包

教育部於98年8月1日開始選定五所國小的中、高年級學生推動「電子書包實驗教學試辦學校暨輔導計畫」。所謂的「電子書包」（E-schoolbag）指的是可攜式、有運算、儲存和無線傳輸功能的行動裝置，包括電子書閱讀器、PDA、平板電腦、小筆電等，尤其配合觸控面板的「手寫技術」和註記、畫線、書籤等輔助功能日趨成熟，讓這項計畫變得更有投入的價值。

其實數位學習（e-learning）早就行之有年，最早僅有講義、power point檔案放在網站上供學生預習或複習之用，後來則有教學投影片、遠距教學等較活潑的數位電子教材；而補習班則推出線上外語學習、線上師生多媒體互動等課程。

為期兩年的計畫希望達到「增進學生於學習及生活中運用資訊科技的機會，以促使學生運用資訊科技解決問題的能力」，換言之也可以說是在國小階段就能夠培養「資訊素養」的能力。

電子書包的概念在國外已有例可循，例如香港、馬來西亞，除了在小學試行，美國普林斯頓大學也曾經以50台Kindle DX搭配電子教科書進行實驗，雖然對使用經驗並不滿意，但透過他們指出缺點，也許可以讓所有埋頭耕耘電子書包的人有了更明確的改善方向。

電子教科書和電子書包的潛力相當大，出版社和軟體廠商都願意積極投入，但推廣電子書包同時，需要改變的不只是學生對數位學習的態度，更需要大環境的配合才能相輔相成，因為除了教科書e化，教師們對數位教材編寫、應用的能力也值得注意，換句話說，教師應該具備「引發數位學習興趣」，以及「解決數位學習問題」的能力。

前進

- 電子書包計畫希望達成書包減重及提高資訊素養。
- 美國普林斯頓大學曾以50台Kindle進行試驗。
- 教師的科技能力和科技態度是重要條件。

電子書包的便利之處

原來駝鳥跑起步來這麼快呀！
各位同學可以連結到百科全書和圖鑑閱讀更多相關資料。
好可愛！
下次要去動物園看看真正的駝鳥！！
駝鳥的叫聲跟我想的不一樣。

52 數位學習行動化

過去的學習活動有許多限制，學習者和授課者都必須在固定的時間到固定的場所去。假設一個班級有40位師生，每次上課這40位師生的時間規劃都必須完全一致才行，絲毫沒有彈性可言。

到了廣播電視時代，學習英文可以收聽廣播，就讀大學也可以透過電視教學，讓許多人在家就可上課，無法配合播出節目播出時間的話可先錄音、錄影，然後利用其它時間播放即可。

而在數位時代，每個人都可以透過網路連線到遠端的資訊供應者，學習也由線性變成非線性，可以重複、可以跳躍，而且更活潑，能有結合不同的素材，例如同時結合文字、影音、遊戲、測驗，還能依照自己的步調來調整進度。尤其當行動通訊的人口不斷激增，讓各種學習可以透過手機、PDA傳輸，相信終身學習的環境也變得更完備，更讓人有求知的興趣。

行動學習（Mobile Learning）簡單地形容就是：「邊走邊學」，而且通常指利用行動通訊裝置傳輸，例如手機、PDA、筆電等，透過網路存取學習資訊。換句話說，只要透過網路學習新知就可以稱做行動學習，例如出外郊遊，看到不認識的昆蟲、花草，然後翻閱手機上的昆蟲圖鑑、植物圖鑑尋找答案，就是一種積極的資訊尋求行為，又例如通勤途中看到不懂的單字就立刻用手機上網查找網路字典，這也是一種主動積極的學習活動。但有系統的學習就必須透過一些穩定的管道。

數位學習行動化的結果，讓學習變得更有彈性，需求也變得更大。由於隨著智慧型閱讀器的技術提昇，每個人每天的時間免不了被大小事切割為長短不一的片段，這些零散的片段其實可能各有適合的學習活動，也許是一章小說的時間、也許是一首音樂的時間、也許是一場演講的時間，這些都是資訊供應者可以努力的方向。

前進

- **行動學習，簡單的說就是「邊走邊學」。**
- **即使是零散的時間也可以積極進行各種學習活動。**
- **數位資料讓學習過程由線性變成非線性型態。**

網路上免費的學習資源

資料來源：iTunes Stanford University

53 行動學習平台

透過無線網路和行動通訊，可以將公園、Cafe，甚至捷運、機艙變成教室，這不是口號而已，在我們身邊就有許多提供學習的平台，正展開雙臂歡迎網路用戶的到訪。

1. iTune U：眾所皆知，在Apple旗下的iBooks可以購買有聲電子書，但想要一睹世界百大學術殿堂的人還可以在iTune Store的iTune U（U代表University）下載名校的錄影課程，親自向名校大師學習第一手知識。這些影片都是授課的實況錄影，參與的學校有英國劍橋大學、美國杜克大學、史丹佛大學、耶魯大學、東京大學等等，許多課程為免費，可下載供離線使用。
2. YouTube EDU：Google旗下除了有大名鼎鼎的YouTube提供一般影片之外，尚有一個學術頻道：YouTube EDU。在這裡，所有的人都可以自由地取用各種與學術有關的影音教材，而且都是免費的。除了大學課堂實況之外，也有名人訪談、演講、校系介紹的影片。比較特別的是YouTube EDU還提供英文字幕或翻譯字幕的功能，對於想要學習知識、或學習語言、準備英文演講、準備留學的人來說是一項很實用又免費的好工具。
3. YouTube：YouTube EDU提供的是較正式的學術教材，其實在一般YouTube頻道一樣可以找到教學系列課程。例如Khan Academy就是建立在YouTube上的免費教室，目前有超過1,800支影片，內容以數學為主，另有科學、人文社會和SAT及GMAT解題等。甚至輸入Basic Gardening Tips也可以找到專家親自園藝實作的系列影片，對課外知識感興趣的人可在這找到令人滿意的各式課程。

前進

- 一個學習平台有多套課程可供自由挑選。
- iTune U與YouTube EDU是提供學術課程的影音平台
- YouTube有學術類及非學術類的各式影片。

在我們身邊有許多提供學習的平台！

iTune與YouTube提供的學術平台

54 MIT開放式課程簡介

開放式課程（OpenCourseWare, OCW）的概念是將原本只存在於大學校園內的知識開放給一般人取用，讓離開校園的人無須負擔高額學費，一樣有學習的機會。首先提出這項計畫的是美國麻省理工學院MIT, 以無償方式對一般大衆提供大學部和研究所課程，資料類型包括線上教科書、考題與解答、作業與解答、課堂講義、專案與範例、多媒體等等，由原本的50門課增加到目前的2千多門課可供選擇。任何人皆可使用，不需註冊也無須付費。

以2009年春季所發布的MIT開放式課程使用者分析來看，身分為教師者占9.1%, 在校生占42%, 自學者占43.2%, 其它則占5.6%. 有95%的使用者表示這些課程能夠滿足自設的學習目標。2007年的分析則指出在地區分布上，以北美地區的使用者最多，接著是歐洲占19%, 東亞占19%, 南亞占7%.

開放式課程除了可在MIT的網站取得，自從2008年開始將教學實況錄影上傳至iTune及YouTube之後，在iTune U被下載的次數達到2千5百萬次，在YouTube觀看的次數則更高達4千1百萬次。

MIT提供開放式課程是為了知識公開、資源共享，而非提供認證、學分或學位的管道，要與授課教師互動以及取得正式學位還是必須依照申請入學程序方有MIT學生的資格。

教師們能夠將課堂上的講義、教材甚至上課實況任人瀏覽、下載，表示對教學品質相當有信心，禁得起全球的檢驗，因為他們必須具備「不斷充實」、「不斷成長」且「與時並進」的條件，成為「真金不怕火煉」的佼佼者。對學校來說，這也是一種提高可見度，吸引國內外人士認識該校的方法之一。

前進

- OCW讓不具學生身分的人一樣有大學進修機會。
- 各校可透過OCW展現教學風格、特色和實力。
- OWC並不提供正式學位，僅免費提供學習資源。

MIT開放式課程使用者資料分析

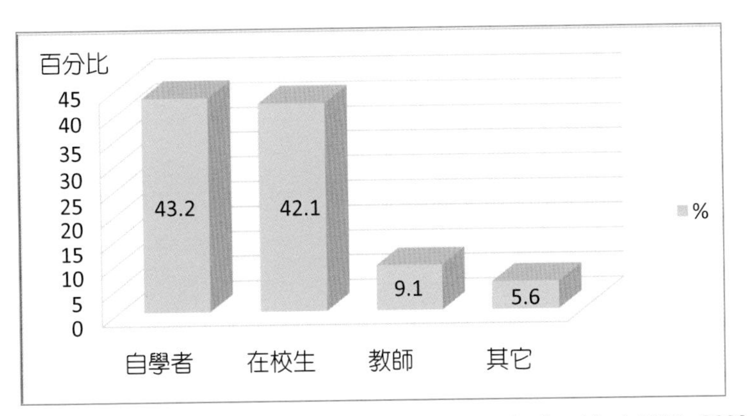

資料來源：MIT OpenCourseWare. MIT Reports to the President 2008 - 2009.

MIT開放式課程網站

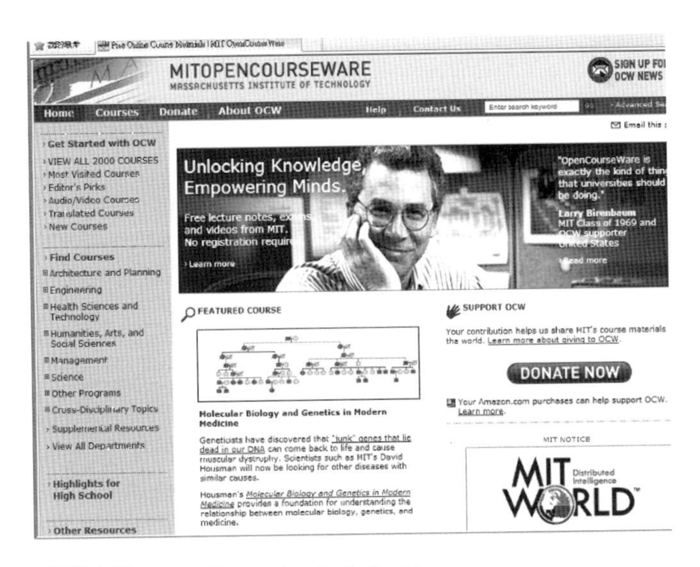

資料來源：http://ocw.mit.edu/index.htm

55 中文開放式課程

開放式課程的目的是將知識從學術殿堂釋放出來，讓社會大衆也有機會使用。但即使有心學習，許多人卻礙於語言的障礙而無法隨心所欲利用這些課程，因此有一群志工開始將這些名校的課程翻譯成中文或其它各國語言，讓知識真正突破國界、語言變成一般人皆可取用的資源。

OOPS（Opensource Opencourseware Prototype）開放式課程始於2004年，是由「奇幻文化藝術基金會」所支援的計畫，集合數千名志工的力量將名校課程翻譯為中文，目前已有2千多門課上線，可選擇繁體中文或簡體中文。內容來源包括MIT、約翰霍普金斯大學、猶他州立大學、大阪大學、京都大學、應慶義塾、東京工業大學、東京大學以及早稲田大學的開放式課程。

台灣許多大學也組成聯盟提供開放式課程，由於授課內容較貼近台灣的產業和文化，學習上也比較沒有隔閡，不但對於有心自學的人很有幫助，對於高中生亦是很好的選校參考。台灣開放式課程聯盟（TOCWC）是由交通大學於2007年推動成立，成員包括台大、清大、交大、政大、台師大、北醫、高醫、台藝大、中山、成大、中央、中興、東吳、長榮、南台科大、新竹教大、海洋、臺科大、輔大、嘉大、暨大等21校。

修習開放式課程不能取得學位，也無法取得學分，有意取得學籍者可以考慮加入空中大學（The Open University）全修生行列。空大通常會提供網路、電視、廣播及函授、面授等多種管道，如果只對某主題有興趣，可以單選學分，例如國立空中大學於99年下學期開設了網頁授課的「理財規劃與理財工具」，一學期共3學分，學分費為940元。如果想要取得國外學位，也可以加入The Open University（UK）、香港公開大學等。

前進

- OOPS透過志工將國外名校的OWC翻譯成中文。
- TOCWC收錄國內21校課程，讓學生選課選校參考。
- 想取得國外學位，可考慮加入國外的空中大學。

台灣許多大學組成聯盟提供開放式課程！

台灣開放式課程資料參考

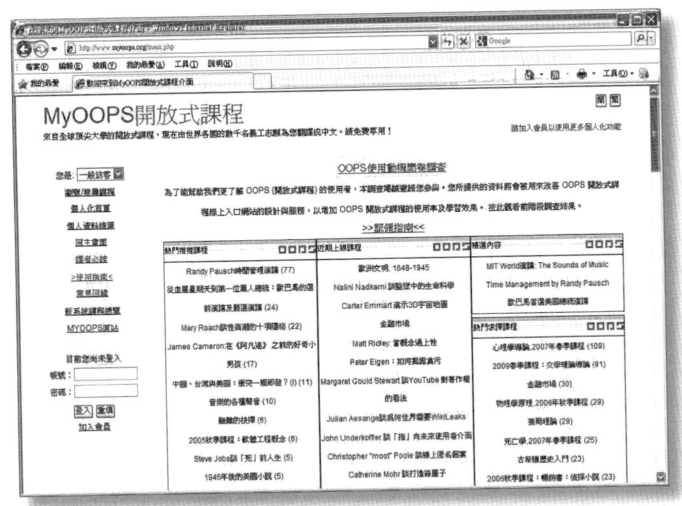

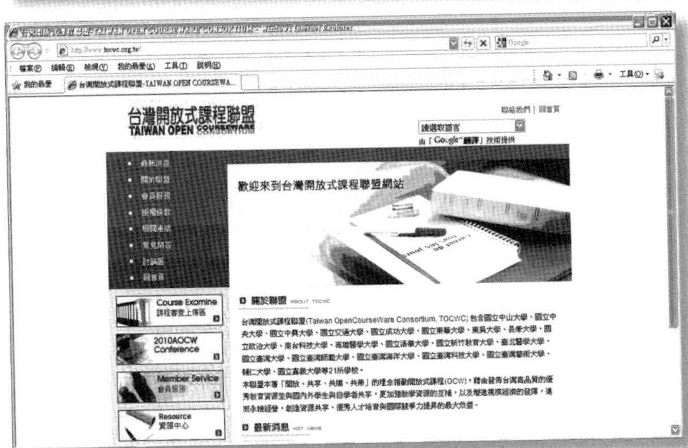

選填志願前，先去
看看上課情況。

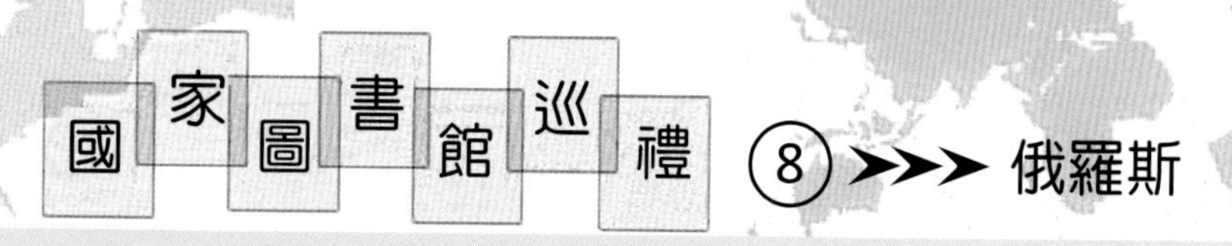

位於聖彼得堡的俄羅斯國家圖書館（The National Library of Russia）與美國國會圖書館、英國大英圖書館並列全球前三大圖書館。

俄羅斯國家圖書館成立於1795年，由凱薩琳二世（Catherine II）批准籌建，她是一位具有雄才大略的帝王，不但讓俄羅斯的啓蒙運動展開，更運用武力和外交方式征服鄰近的波蘭和鄂圖曼帝國。

俄羅斯國家圖書館擁有豐富的館藏和研究資源，館藏量為3,450萬件資料。其下有數個分館，分別是：

分　館	館藏重點
Main Building	收集各類型資料。
Krylov House	資訊科學為主。
New Building	收集各類型資料。
Building on the Fontanka Embankment	以藝術、視聽資料為主。
Building in Liteyny Prospect	亞洲及非洲資料。
Plekhanov House	手稿。

俄羅斯有偉大的小說家、哲學家、音樂家和舞蹈家，而這些相關資料和文物都被妥善的收藏在國家圖書館中。圖書館的俄文資料始於1725年，截至2000年初為止達到了700萬件，除了一般圖書資外，尚有20世紀初的禁書資料及蘇維埃政府的傳單等等。台灣讀者可以透過國家圖書館的館際合作，取得俄羅斯國家圖書館的資料與最新資訊動態等。

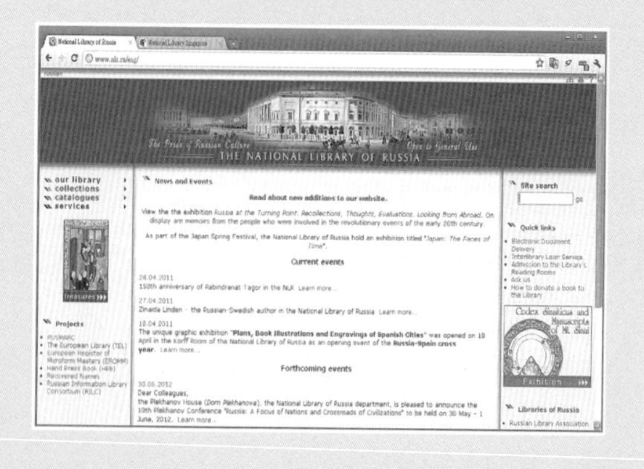

第9章

免費電子書這裡找

圖 解 電 子 書 圖 書 館

56 免費的外文電子書(一)

說到免費電子書，首先會想到兩種特性：多是公共版權書籍；多為非營利機構所提供；當然網路上也有許多侵權盜版的網站可以下載電子書，但使用者要付出的代價就是病毒攻擊的風險以及品質的不穩定。以下選列的電子書網站皆為經過篩選的知名網站：

1.古騰堡計畫（Project Gutenburg）：可以自由下載3.3萬本免費電子書。如果連結到合作夥伴的網站，例如澳洲古騰堡計畫、Wikibooks，則有高達10萬本免費電子書可供下載。

2.Google Books：這裡有超過700萬種公共版權的電子書可供全文瀏覽，而且許多資料是彩色掃描，讓閱讀不減樂趣。

3.Universal Digital Library：環球數位圖書館由中、美、印度共同主持的百萬圖書計畫，於2007年已經突破百萬圖書的目標，內容多為冷門資料和教科書，可全文閱覽及下載。

4.Internet Archive：收錄了電影、動態影像、圖書和文件、音樂和軟體，全部都是免費的。其中電子書和文件就超過了2百多萬筆，音樂和電影也多達數十萬筆，可自由閱聽及下載。

5.Open Library：是Internet Archive的一個圖書計畫，部分經費來自美國The California State Library，收錄上百萬筆圖書的掃描檔。本站資料可以線上閱覽、下載，有些則僅限向圖書館借閱。Open Library可搜尋美國及新加坡的圖書館提供讀者借書參考。

6.International Children's Digital Library：圖書內容適合3-13歲的兒童，為了讓更多人共同分享這些故事書和繪本，ICDL也歡迎各國志願者參與翻譯的工作。

前進

- 古騰堡計畫有純文字檔及音訊檔可供下載。
- Google採用掃描方式複製圖書影像。
- 免費電子書多為公版書籍，以古典文學最常見。

各式瀏覽器介紹

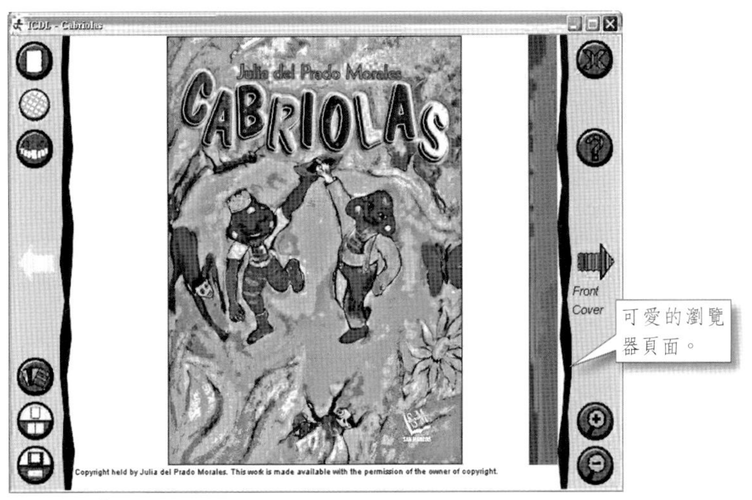

ICDC的圖書瀏覽器

許多電子書都模擬雙頁翻面效果，讓使用感貼近真實圖書。

57 免費的外文電子書(二)

7.Online Gallery（大英圖書館）：Online Gallery相當於大英圖書館的數位典藏館，共分為Virtual books（圖書）、Online exhibitions（文物）以及Highlights tour（重點導覽），在這裡讀者可以自由瀏覽超過3萬件重要館藏，例如名家手稿、古代地圖等。

8.大英圖書館（Kindle使用者專屬）：由微軟（Microsoft）贊助，2010年開始免費提供19世紀的古典小說（classics）給Kindle閱讀器的使用者，目前約有6.5萬本可供下載，預計在2020年會達到5千萬本。

9.TooDoc：TooDoc是一個電子書搜尋引擎，將電子書區分為五種格式──PDF、Word、Txt、Excel、PPT供使用者搜尋之用，資料可線上閱覽也可以下載。除了書籍之外也有其它文件，例如法律文件等。它也提供PDF轉為TXT檔的功能。

10.Free-eBook：將電子書及電子期刊分成47大類。允許線上閱覽以及下載，並有PDF及ePub和行動裝置如Kindle等格式供選擇，同時也協助作者製作及上傳電子書。

11.Cornell University Library Historical Monographs：收錄康乃爾大學圖書館之公版學術專書近2千本供線上閱覽。由於這些資料的原件已經脆化，亟待修復，不適合借閱，因此將資料掃描後供大眾使用，也可以直接在圖片上按滑鼠右鍵下載圖檔

12.arXiv.org：也是康乃爾大學所建置，收錄60多萬筆e-prints（電子預印本），內容為學術性會議論文、專書、技術報告等。下載格式有PDF、PostScript、DVI等。

13.LibriVox：提供免費有聲書（audiobook），內容大多為1923年之前出版的作品，且多來自於古騰堡計畫的公版著作，可線上收聽或下載收聽，還可使用iPod收聽，有興趣協助朗讀的人也可以報名成為義工。

前進

- 許多非營利電子書計畫需要各類翻譯或朗讀義工。
- 數位典藏是將手稿、史料、文物加以數位化的工作。
- ePub格式的電子書已經成為一個趨勢。

國外圖書館網站介紹

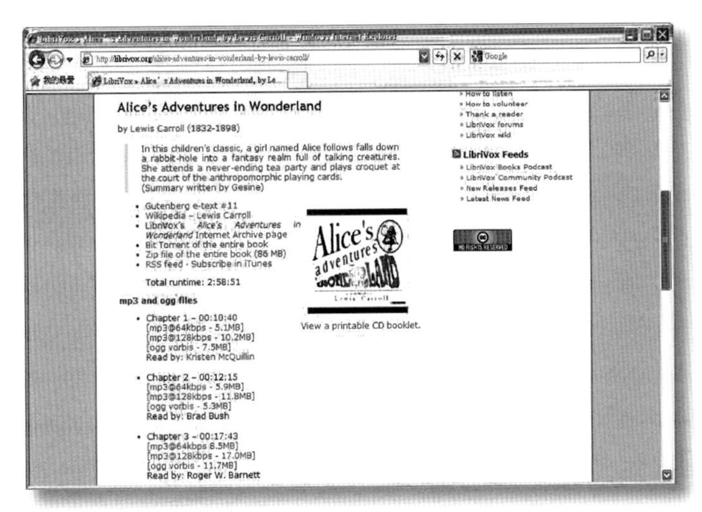

LibriVox網站

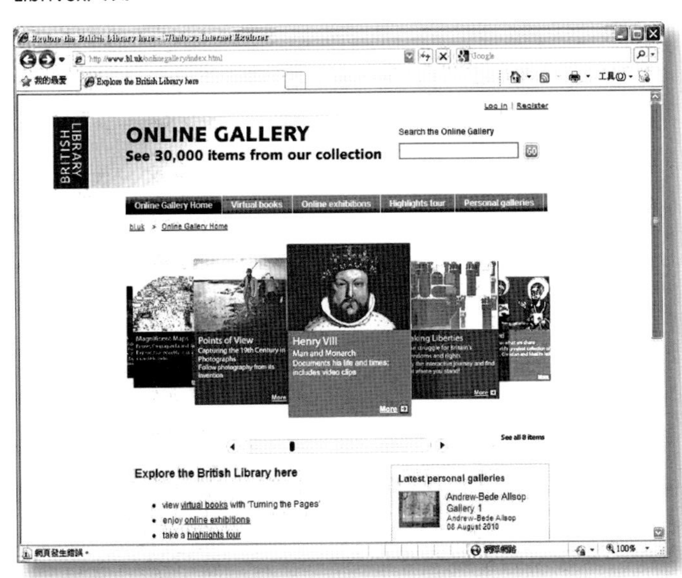

大英圖書館online gallery
http://www.bl.uk/onlinegallery/index.html

58 免費的外文電子書(三)

14. EServer：由Carnegie Mellon University建置，現在則隸屬Iowa State University。收錄資料超過3萬5千筆，全部都可免費使用。以往資料多為短篇小說、劇本和短詩，但現在慢慢擴展至全方位領域，包括建築、兩性議題、設計、多媒體等等。
15. NetLibrary：隸屬於EBSCOHost Publishing公司，雖有許多電子書僅限付費會員使用，但有3千多本公版書對外開放，需先註冊成為一般會員。
16. The Online Books Page：這是一個電子書的搜尋網站，本身並不提供電子書。在此可以搜尋到4萬多本免費電子書並可連結到原始網站進行線上閱讀，如果是掃描檔，可按下滑鼠右鍵儲存。
17. Bartleby.com：原本屬於哥倫比亞大學的文學計畫之一的Project Bartleby，目前轉為商業但免費的網站，彈出式的廣告偏多。收錄內容包括小說、短篇故事、人物傳記等，可線上閱覽。
18. Memoware：是移動服務公司Handmark旗下部門。收錄多種主題的資料，包括資料庫、文獻、地圖、技術報告等，也提供多種格式供使用者下載，例如PDF、DOC及適用於行動裝置的檔案格式。目前有超過1萬8千多筆資料可供免費利用。
19. Flib：「電子書籍圖書館」是日本イーブック　システムズ株式會社所建立的免費電子書網站，除了日本文學名著之外，還收錄許多活潑有趣的雜誌、小說、繪本、秋葉系（アキバ系）及一般類書籍，安裝Flip Viewer後可線上瀏覽或是下載。
20. 青空文庫：收錄公共版權圖書，主要為日本文學作品共9千餘冊，資料格式為HTML檔及可傳送到行動裝置的TEXT文字檔。

前進

- 某些網站本身擁有數位資料，有些則僅提供連結。
- 許多免費圖書可以下載到行動裝置。
- 冷門書籍透過線上公開可獲得更多瀏覽機會。

免費電子書網站收錄了很多公共版權書！

免費電子書也能看漫畫

日本電子書網站介紹

59 免費的中文電子書(一)

以下介紹可免費取用中文電子書的管道。

1. 數位影音平台（台北市立圖書館）：資料類型包含有聲書、電子書、音樂、影片等，格式有ePub、PDF、WMA、OverDrive Music、OverDrive Video。一般讀者和兒童讀者都可以找到適合的館藏，中英文資料都有，但以英文資料為多。辦理台北市圖閱覽證即可上線使用。
2. 視障電子圖書館（台北市立圖書館）：館藏有點字書、有聲書、有聲國語日報、線上台北畫刊、啓明之音、林老師說故事、用心看電影、線上點字樂譜、小說選播以及美食小廚房等，以上皆可供線上下載，同樣僅供持證讀者使用。
3. 國立台中圖書館電子書服務平台：收錄近萬本電子書。只要具有台灣公共圖書館讀者帳號者就可以成為電子書服務平台的會員，享有線上借閱電子書的服務。
4. 台南市立圖書館：該館的電子書以兒童讀物為主，包括咕嚕熊共讀網電子書資料庫70本、親親文化Little Kiss電子書50本（英文）、TumbleBooks英文繪本加真人美語發音電子書共200本及Tumble Talking英文有聲電子書，有一般讀物及兒童讀物共400本。僅限該館持證讀者連線使用。
5. 佛陀教育基金會：提供與佛教相關的書籍，包括字辭典、概論、傳記、經、律、論及註釋，以及儀制、各宗派等。對於佛學研究下載，有pdf、txt及doc等格式。
6. 臺大圖書館公開取用電子書：這也是一個電子書搜尋網站，搜尋範圍包括古騰堡計畫，中文資料則多來自於政府出版品、研究報告、以及中山、成功、東華、世新等校的博碩士論文，可供線上閱覽或下載。

前進

- 免費電子書多由圖書館或非營利組織所提供。
- 公共圖書館讀者可向台中圖書館借閱電子書。
- 特殊電子書可以幫助視障者由網路獲得學習資源。

中文免費電子書網站多為圖書館設立！

國立台中圖書館電子書服務平台線上閱讀

台中圖書館電子書服務平台線上閱讀系統

60 免費的中文電子書(二)

7.中央研究院漢籍電子文獻資料庫：內容包含史語所、近史所、語言所、台史所、文哲所、資訊所、師大國文系等系所製作的漢籍全文資料庫，以網頁瀏覽器線上閱覽，不提供下載。

8.數位典藏與數位學習成果入口網：這是由「數位典藏與數位學習國家型科技計畫」所製作的網站，內容收錄廣泛，包括文字和圖片、影片。除了古籍、手稿、拓片、書畫、地圖之外也有當代人物的報導，動物和器物、建築的影像等。

9.中小企業網路大學校：由經濟部中小企業處所設置的網站，以網路學校的型態提供服務，公務員也可在此取得終身學習認證時數。學校由五個學院組成，分別是：財務融通、綜合知識、資訊科技、行銷流通、人力資源。註冊會員之後需達到一定等級門檻，即可以免費使用電子書。

10.香港公共圖書館：圖書館網站入口可選擇中文繁體介面，點選「數位資源」後即可開始使用。收錄的電子書從參考書到一般讀物都有，共4萬本中文書，可謂相當豐富。書籍內容可繁簡互轉，也可以畫線筆記。但須先申請成為圖書館持證人後方可使用。

11.大學圖書館：各大學都有各類型電子書、電子期刊可供使用，資料多供研究之用，如果具有該校師生的身份，除了可以在校區內使用，還可以校外連線，但如果並非該校教職員生，那麼也可以親自到校使用該校資源，一般證件即可入館。

12.pdf Search Engine：可輸入多種語言查詢，包括中文。輸入關鍵字即可尋找pdf、doc以及ppt檔。與其說是電子書，找到的資料並不見得都是「書」，還包括報告、型錄、廣告等等。

前進

- 數位典藏可讓文字以外的文物、文化廣為流傳。
- 一般人要使用大學圖書館電子資源須親自到館。
- 線上童書、繪本以英文有聲繪本居多。

中文電子書圖書館網站

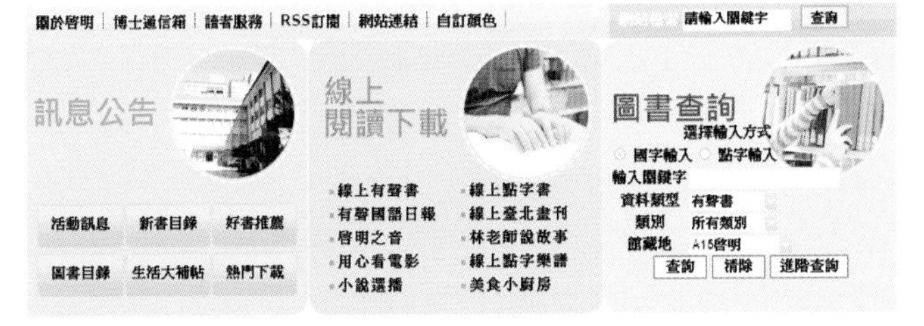

小叮嚀：隨便在來路不明的網站上下載免費電子書，小心遭受病毒和木馬程式的感染！

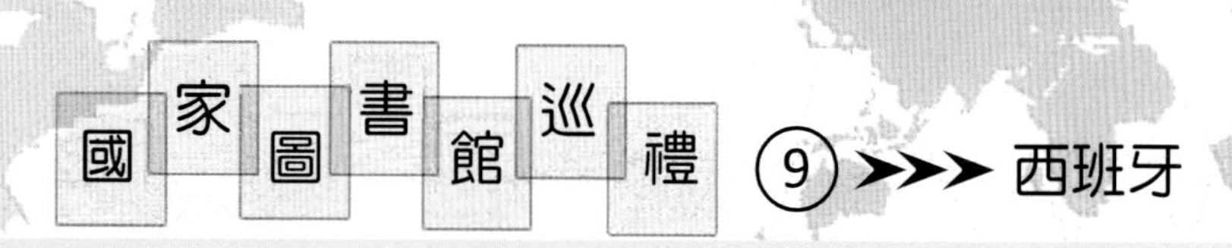

位於馬德里的西班牙國家圖書館（Biblioteca Nacional de Espana，簡稱BN）其前身是宮廷圖書館（Palace Library），由菲利普五世（King Philip V）建於1712年，是一座相當有歷史的圖書館。至1836年圖書館由皇室移交給政府單位，並更名為國家圖書館。在1715年西班牙就開始實施法定送存制度，出版社每出版一本書就必須呈繳一冊給國家圖書館，因此該圖書館也保留了許多珍貴的文物資料。

以西班牙語為母語的人口排名全球第四，中南美多國皆使用西語為官方語言。如阿根廷、玻利維亞、智利、洪都拉斯、墨西哥、尼加拉瓜、巴拿馬、巴拉圭、秘魯、西班牙、烏拉圭和委內瑞拉等。

目前西班牙國家圖書館是保存西班牙語文資料最完整的圖書館。其館藏有圖書1100餘萬冊、小冊子300萬件、報紙4千多種、期刊500餘萬件、手稿2.8萬件、古籍27.3萬件、繪畫4萬件、地圖12.5萬件及影音多媒體資料達百萬件等。

西班牙國家圖書館除了廣泛收集各種資料之外，還保存了珍貴館藏，包括著名的民族史詩The Song of the Cid（熙德之歌）、西班牙古地圖、Commentary on the Apocalypse（啓示錄註釋）等等，都是難得的珍品。

另外，西班牙國家圖書館還保存了黃金時期（西元16-17世紀）向外探險和殖民闊張的重要文物。例如由國外取得或譯著的作品，如1592年由西班牙天主教教士翻譯並手抄的中國作品「明心寶鑑」。這份手抄本在1595年被帶回西班牙。這是一本關於修身養性、道德教育方面的圖書，當年韓國的醫女們在接受醫女訓練時，教材之一就是「明心寶鑑」，它也是中國第一本被譯介到西方的圖書。

第10章
付費電子書這裡找

圖 解 電 子 書 圖 書 館

61 付費電子書平台(一)

如果不想去圖書館排隊等候，對那些古典名作又提不起興趣？只要到付費電子書平台去，即使三更半夜、颳風下雨也可以輕輕鬆鬆下載暢銷書、暢銷雜誌。想要購買電子書，首先會想到亞馬遜、邦諾等網路書店，而在台灣，大型電子書平台有：

1. **UDN數位閱讀網**：聯合報集團的數位閱讀產品平台，內容分為電子書、電子雜誌、電子報紙及互動雜誌，可供5個不同的IP開啓。同時提供個人、團體出版服務，作者可加入電子書合作行列。格式統一為PDF檔，並加入DRM保護。
2. **Zinio電子雜誌服務平台**：由宏碁（acer）代理的電子雜誌出版服務平台。收錄全球超過1700種、60家出版社、26個國家所出版的雜誌，國家圖書館、台灣大學圖書館都有訂閱該平台的資料。內容有學術、休閒、學習等，需下載Zinio Reader閱讀軟體，支援mp3, mpeg1, swf等多媒體格式，可享受影音和互動功能。
3. **中華電信Hami書城**：由中華電信建置的線上電子書城，與87家出版社合作，包含漫畫館等多種類型的電子書，是專為智慧型手機打造的平台。可以索引、註記、書籤以及使用線上百科WIKI，適用Android、iOS以及Windows Mobile作業系統。
4. **遠傳e書城**：有超過6千本電子書，其中有500本可免費下載，不限遠傳用戶使用，支援iOS、Android及電腦操作系統，格式有PDF及ePub可選擇。內容分為書籍、雜誌和報紙三大類。以手機漫畫和輕小說為主。與誠品網路書店進行通路合作，拓展手機以外的電子書市場。

前進

- 不少暢銷雜誌已提供單本付費、線上下載的功能。
- 電信業者具有行動技術和通路，適合發展電子書。
- 電子書有包月、單本計算等付費方式。

大型電子書平台可一次購足許多出版社的書！

行動電子書圖書館

想在iPhone和iPad上閱讀電子書？只要上App Store下載「iBooks」app，就可以前往iBookstore選購有聲書！

62 付費電子書平台(二)

5.台灣大哥大行動書城：由台灣大哥大發展的線上書店，以輕鬆簡短、流行性強的內容為主，輕小說和漫畫以每本10到50元的價位提供讀者下載，價格已含連線費用，不需另外付費。共有300多款手機適用這項服務。

6.VIBO行動網：由威寶電信推出，有VIBO漫畫屋、愛情小說坊。除提供台灣出版的中文書之外，並引進日本手機漫畫，例如臼井儀人的蠟筆小新，還有武俠小說、言情小說等。

7.綠林電子書城：由綠林資訊Greenbook建置之線上書城，除電子書外，並推出自有品牌的電子書閱讀器「葉綠書」。由於與多家數位出版商策略合作，因此有多達3萬本電子書可供下載，除了休閒類的書籍外，還有公職考試、證照考試、語言學習類型的書。

8.Book11：有近萬本電子書，合作出版社包括九歌、時報、晨星、銘顯文化等14家出版社，註冊會員資格後可免費閱讀公版書、0元電子書及新書試讀本。Book11本身推出自有品牌「i讀機」，是適合中文閱讀習慣的閱讀器。

9.金石堂eBook館：提供中文繁體書和雜誌，採用KEB以及ePub格式，需安裝支援DRM的Koobe閱讀軟體，符合中文閱讀習慣。eBook館分為中文書、雜誌和童書三大類。

10.遠流eBook：由遠流出版社建置，分為電子雜誌、電子書、兒童動畫繪本以及政府出版品，網址為www.ebook.com.tw，遠流也推出電子書閱讀器「金庸機」，內建15部36冊金庸作品，以及40冊金學導讀及評論。

前進

- 輕小說和漫畫是線上書城最受歡迎的類型。
- 電子書閱讀器已經內建數套有版權或公版圖書。
- 下載電子書需考慮是否要另付下載傳輸費用。

形式多樣的電子書平台(一)

Koobe Viewer

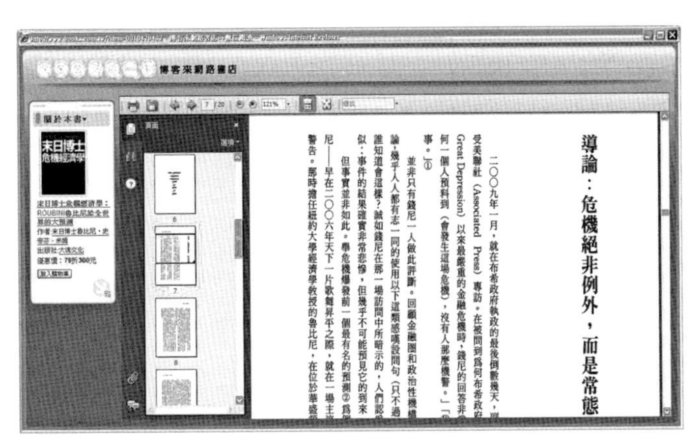

博客來網路書店

63 付費電子書平台(三)

11. 伊博數位書屋（eBook Taiwan）：與BenQ nReader電子書閱讀器合作，可線上購買中日文暢銷書、名家漫畫以及雜誌，下載格式可任選nReader或PC版。另外還可由網站連結至eBook Japan購買日文書籍雜誌。
12. Hybook國立編譯館數位出版品資訊館：提供近2千冊、超過100萬頁全文影像資料，加入年度會員後可使用100個全文檔，會費為300元/年，超過的部分需購買點數支付。內容包括人文社會、自然科學、中華叢書、大學用書以及世界名著中譯本。另外提供線上章節列印功能及BOD全書列印方式提供紙本書。
13. 城邦讀書花園電子書館：有多種電子書和電子雜誌，目前僅提供個人電腦開啓，可透過瀏覽器閱讀，或下載後透過專用閱讀軟體離線閱讀。閱讀軟體支援內嵌多媒體的PDF檔，因此可以播放影音、動畫等資料。
14. Pubu：Pubu書城的書籍可線上閱讀或離線閱讀，提供ePub和PDF格式的電子書，可以自由地傳輸到PC或行動裝置。
15. airitiBooks華文電子書服務：由華藝數位所推出的電子書平台，透過IE或Firefox等瀏覽器開啓PDF檔案即可閱讀。合作出版社超過700家，除了台灣的出版品之外，還收錄了香港、澳門和大陸的電子書，總共約6萬本華文電子書。
16. HyRead ebooks：由凌網科技建立，原本只提供圖書館團體訂購服務，現在也開放個人購書。
17. 各出版社網站：各大出版社除了推出紙本書外，也出版電子書，例如五南出版社提供PDF格式的電子書，東立出版社有線上漫畫以及漫畫電子書。

前進

- PDF格式的檔案已經可以內嵌多媒體。
- 除了在螢幕上閱覽，電子書還可POD裝訂成冊。
- 電子書平台可達到世界零時差的夢想。

形式多樣的電子書平台(二)

伊博數位書屋

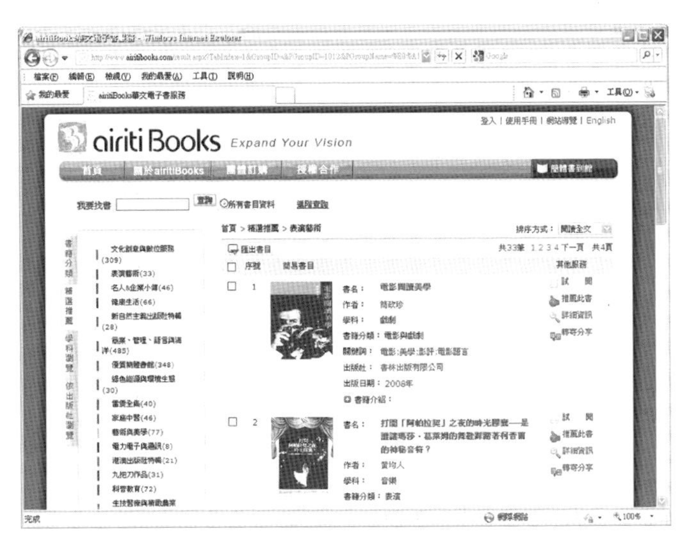

華藝數位airitiBooks

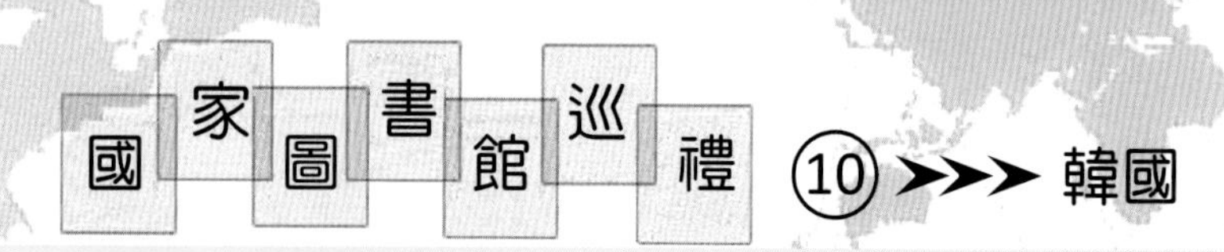

韓國國立中央圖書館建立於1945年，其前身是韓國國家圖書館，於1963年制定圖書館法之後，正式更名為國立中央圖書館。它由本館與附屬建築物(別館)組成，這些別館有司書研修館、資料保存館和數字圖書館。資料保存館設有一般書庫、古書庫和貴重書庫，並有資料保存、修復室，負責書籍維護工作。數字圖書館則偏重於多媒體及數位化資料。

到2011年4月底為止，韓國國立中央圖書館的館藏達到810萬本圖書，國內出版品占550萬、國外出版品占101萬，古籍有27萬，非書資料則有130萬件。期刊多達814萬種。至於圖書資料的最大來源就是依據圖書館法徵集而來的資料，其次是透過贈送和購買所得。

該圖書館將貴重資料分為三個等級，國寶、寶物及物質文化遺產，這些資料都被妥善保存在中央圖書館內。

為了促進國際化，該圖書館網站提供了韓文、英文、中文繁體、中文簡體、日文、法文、德文和西班牙文的介面，由此可以看出其積極進行國際交流，與國際接軌的企圖心。

韓國國立中央圖書館在自動化和數位化的發展上不遺餘力，除了採用RFID技術進行管理之外，也於2009年宣布國家電子圖書館正式落成。國家電子圖書館是為了提高國家競爭力而發起的計畫，目標是讓國內圖書館之間進行合作，共享數位內容，提升國民資訊素養、促進各地區資訊服務得到均衡發展。電子圖書館收錄了目錄和全文資料，而且能夠全面顧及研究人員、一般民衆和殘疾人士的需求。

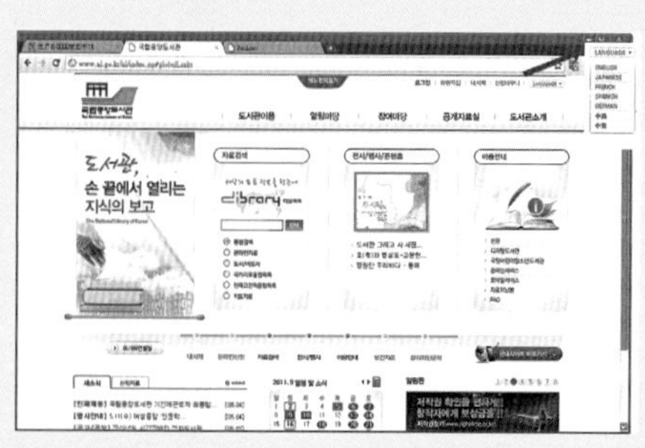

電子圖書館將許多資料數位化，並可線上閱覽。

第11章
個人數位圖書館

圖 解 電 子 書 圖 書 館

64 電子書與知識樹

知識樹（knowledge tree）指的是一套有系統的知識分類，類似「索引典（thesaurus）」的概念。「索引典」與「索引（index）」不同。「索引」是書末的關鍵字列表，讀者可以利用索引找出某個詞彙出現在第幾頁，然後可依此循頁瀏覽。「索引典」則是集合某個主題的所有關鍵字，然後界定這些關鍵字之間的相互關係和從屬關係。例如「人物傳記索引典」、“Art and Architecture Thesaurus”、「淡新檔案索引典」等，都是圍繞著某個主題而編制的索引典。

以「生物-動物-貓-美國短毛貓」為例，這四個詞都是關鍵字，但是前者範圍涵蓋後者，前者稱為廣義詞或上位語（Broader Term，BT），後者稱為狹義詞或下位語（Narrower Term，NT）。如果此時出現「喜瑪拉雅貓」一詞，由於它從屬於「貓」這個詞彙，因此可視為「美國短毛貓」的相關語（Related Term，RT）.

如此由大範圍而至小範圍、由概論至專論的詞彙連結，最終就會形成樹狀圖。過去，索引典只能查到詞彙，現在這些詞彙已經可以透過超連結（hyperlink）連至電子書、網頁等實質內容，更利於知識系統化，例如針對國中數學整理出一棵知識樹，讓學生了解數學的各個面向，宏觀地穿過混亂的數字了解目前所處的學習階段，達到「見樹也見林」的目地。

圖書館也可以針對館藏重點規劃知識樹，這是一種資訊加值的活動，同時也可幫助建立圖書館特色。透過規畫工作，圖書館也能夠了解館藏的強項和不足之處，以及館藏的深度。例如：館藏只著重在某個面向忽略全貌？或是館藏只停留在概論而非專論的層次？至於授課教師、研究人員、各領域作者在製作知識樹的同時更可以確立需求，在尋找資料時不致偏離研究主軸，避免被資訊噪音干擾。

前進

- 索引典將某主題的重點以系統化的方式製成關係表。
- 圖書館可以透過規劃知識樹了解館藏的強弱。
- 知識樹可讓讀者了解某領域的全貌及其所在階段。

新課標國中數學知識樹

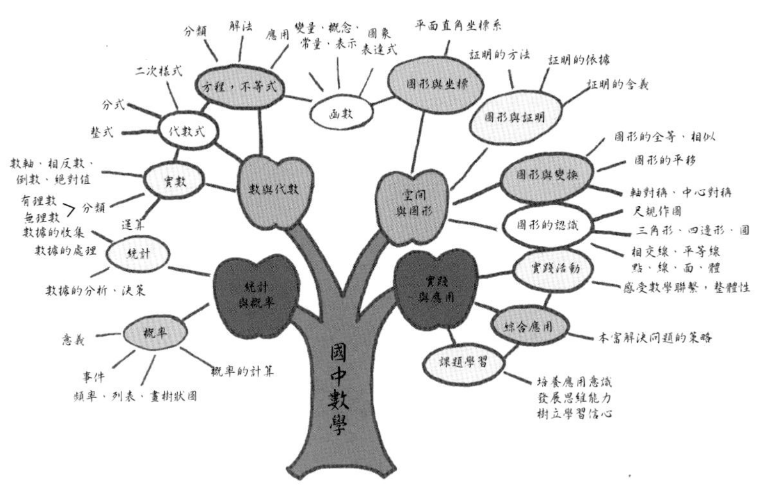

http://www.txyouth.gov.cn/glnews/edit/UploadFile/200881284716724.jpg

貓的分類——細項與大類

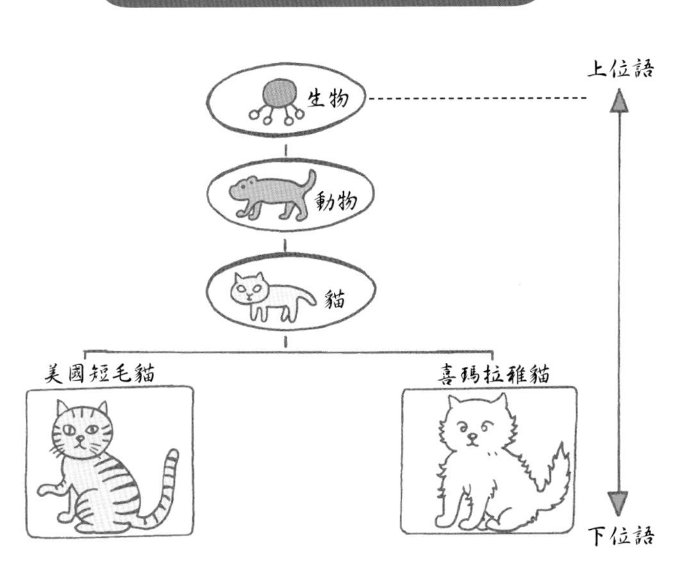

65 建置個人圖書館

每個人都希望有個專屬空間，將音樂、照片、書籍、雜誌、剪報、單篇文章等資料資料整理的井然有序。在過去，必要條件是一定要有實體空間，然後將資料排放在書架、收納盒、防潮箱裡。但現在資料都已經數位化，將空間釋放出來。但很多人還找不出一套有效管理數位資料的方法。

通常最常見在桌面建立一個個文件夾，將資料依類別存放，但是資料綜合查詢、移動、分享都不方便，對於更有規模的收藏，很可能會需要製作目錄，而在行動通訊的時代，這些資料若可以透過雲端存取就更完美了。

這一切都有解決的方案，那就是利用「書目管理軟體」進行管理。我們可以選擇桌上軟體或是雲端軟體，最普遍的桌上型軟體有：EndNote，雲端軟體則有RefWorks與EndNote Web。這些軟體可用來管理各種媒體、各種形式的資料，例如音樂、影片、照片、方程式、表格、零散的網路文章等，所以也相當適合管理個人數位資料。

書目管理軟體的的原始概念正是讓使用者建立一座個人圖書館，這座圖書館可以放置任何數位資料，可以依據個人喜好進行分類、可以查詢「館藏」、可以允許他人進館查詢使用；尤其是雲端版更可隨時隨地進入圖書館存取資料，相當便利。

對正在撰寫學術論文的使用者最有幫助的一點就是：它可以將資料轉成各種參考文獻格式，在Word文件裡規則地呈現。這讓研究者省卻不少文書排版的工作。

這兩套主流軟體並非免費軟體，但是幾乎各院校都會訂購其中一套，所有教職員生都有使用權，只要登入圖書館網站就可以下載及使用，何不趁著在校優勢，試用看看它的功能呢？

前進

- 未來個人書房不需要實體空間。
- 利用個人電腦或是雲端服務就可以完成資料管理。
- 有撰寫論文需求的研究人員應善用書目管理軟體。

建置個人化圖書館

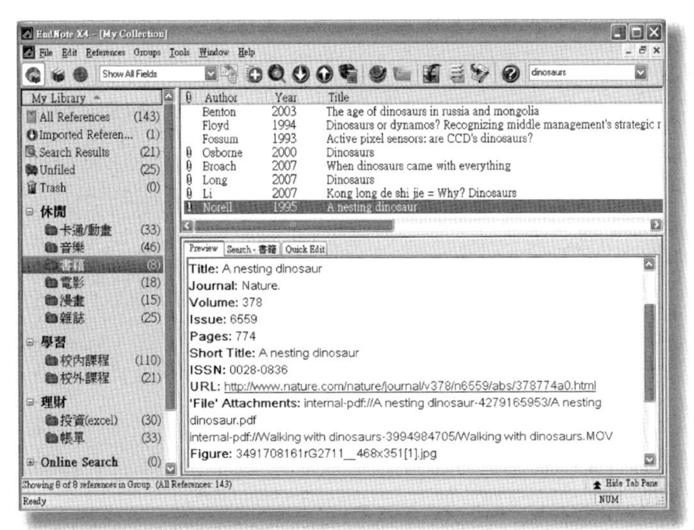

利用EndNote進行有效管理。

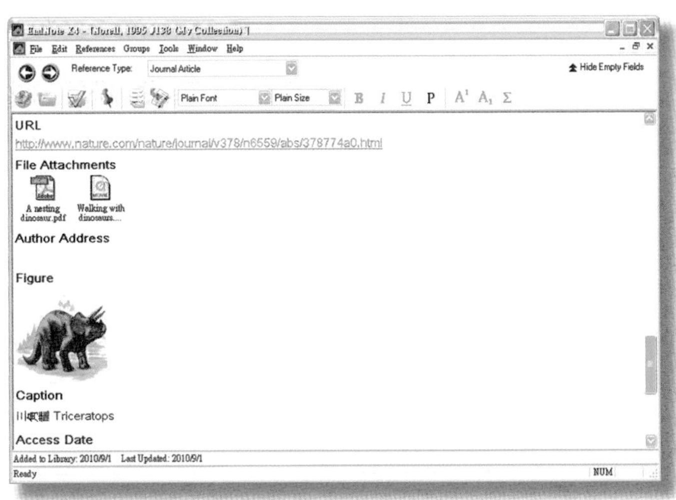

一筆書目資料可附加多種文件，是管理數位資料的好幫手。

66 個人化圖書館-EndNote

EndNote是由ISI Thomson公司所發展的應用軟體，分為桌上版及雲端版（EndNote Web）。主要功能為**1. 收集及儲存資料，2. 查詢及管理資料**，以及**3. 編排論文段落及形成參考文獻**。在開啓程式後就可以將音樂、電子書等資料輸入，變成「圖書館」的「館藏」。以電子書為例，先將作者、書名、出版社等資料輸入；這些資料就是將來查詢館藏時的關鍵字。現在有許多線上資料庫支援批次匯入，這讓輸入的手續變的更快速。

資料輸入只能說是將「目錄」製作完成，接著再放入物件，也就是實體資料，如PDF檔、MP3檔等「館藏」，就大功告成了。

圖書館的館藏不但可以交互比對、尋找重複資料，還可以依照需求加以分類，例如分為休閒、學習、理財等大類，其下還能再細分。透過Search功能，這些資料就如同放在圖書館線上目錄一樣，可以尋找作者、書刊名稱、關鍵字等。至於和他人分享也同樣簡單。只要利用匯入（import）和匯出（export）功能，就可以將所有的資料迅速傳遞給他人。

桌上版的EndNote與雲端版的不同，桌上版的功能較多，但只有英文介面，而EndNote Web則有英文、簡體中文及日文介面。由於EndNote Web無法放置PDF檔等物件，也就是只能建立圖書館目錄，無實際物件可用，解決方法可考慮1.將文字資料複製到摘要或備註欄，2.透過URL以瀏覽器開啓資料來源。

EndNote Web的一大優點是可辨識與擷取網頁資料。透過「**Capture**」功能可自動針對網頁中作者、刊名、出版卷期、年代、摘要等進行分析，並將這些資料儲存在圖書館中。

這也表示即使我們並未實際擁有物件，一樣可以建立專屬圖書館，例如集合YouTube、無名影音、Discovery、Cartoon Network等頻道的圖書館。

前進

- EndNote有桌上型應用軟體及雲端軟體兩種。
- 可置入各種類型的附件檔案，方便好管理。
- 論文寫作好幫手，可自動形成引用文獻。

EndNote Web外觀

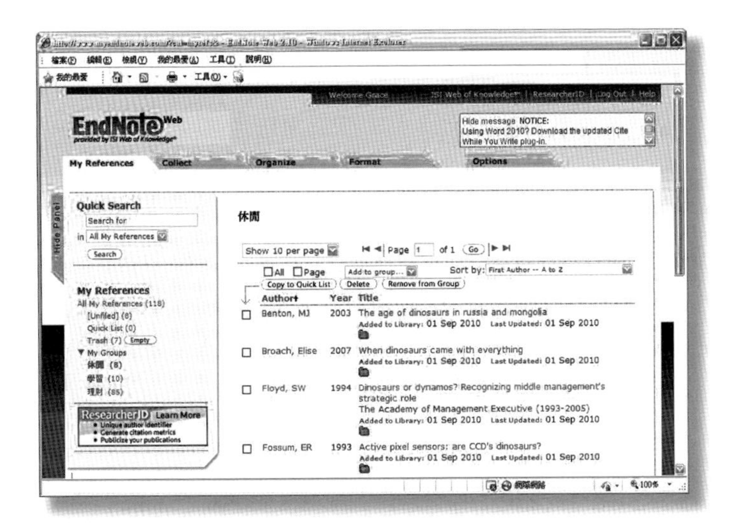

相 較 點	EndNote Web	EndNote
儲存書目資料	+	+
整理及編輯資料	+	+
可容納資料筆數	10,000	無上限
由資料庫匯入資料	+	+
自動形成引用文獻	+	+
進階檢索		+
視窗的字體字型		+
修改書目過濾器及引用格式		+
使用過之詞彙自動成為系統備選字		+
引用圖、表、方程式		+
可離線使用		+
可由書目連結到物件		+
網頁辨識與擷取	+	

資料來源：EndNote網站《EndNote Web versus EndNote》

67 個人化圖書館-RefWorks

RefWorks是雲端型的書目管理軟體，由CSA（Cambridge Scientific Abstracts）開發。RefWorks除了有英文介面外，尚有繁體中文、簡體中文、西班牙文、法文、日文、韓文、德文及義大利文。

RefWorks擁有「RefGrab-It」網頁擷取工具，與EndNote Web的Capture作用相同，假設我們看到感興趣的網頁資料，過去的方法是自己將網址、全文、作者、出版年、卷期等資料一一輸入，但透過RefWorks的RefGrab-It，只要一個動作，資料就會自動將匯入圖書館中。

最重要的是RefWorks雖屬於雲端型軟體，但允許使用者加入附加物件，例圖內的附件包括PDF文件檔、JPEG圖檔、MP3音樂檔以及MOV影片檔，可見能夠接受的檔案格式相當多元。儲存完畢之後，要使用時只需點選物件就可開啓，相當的便利。

附加物件的功能必須由權限管理者同意開放。假設交通大學購買了RefWorks這套軟體，必須由學校同意開放這項功能，使用者才可上傳附件至個人圖書館，且儲存空間有20MB的上限。因此較適合電子書這類文字偏多的資料，而不適合影音多媒體資料。

部落格文章和網路新聞屬於不定時發布的資訊，要持續追蹤這類資料並不容易。透過RefWorks 「RSS供稿」的功能可以訂閱這些資訊源，也就是說即使是難以掌控的新聞資訊也可以一網打盡，全都收集在個人專屬圖書館中。

對於行動通訊一族而言，RefWorks貼心的提供RefMobile專屬介面，讓使用智慧型手機或PDA的人能隨走隨用，畫面也更賞心悅目。

前進

- RefWorks是雲端軟體，但亦允許網路離線時使用。
- 有中文化的環境，使用簡便還可以與他人分享。
- 可以自動管理部落格和RSS文章。

RetWorks資料管理軟體

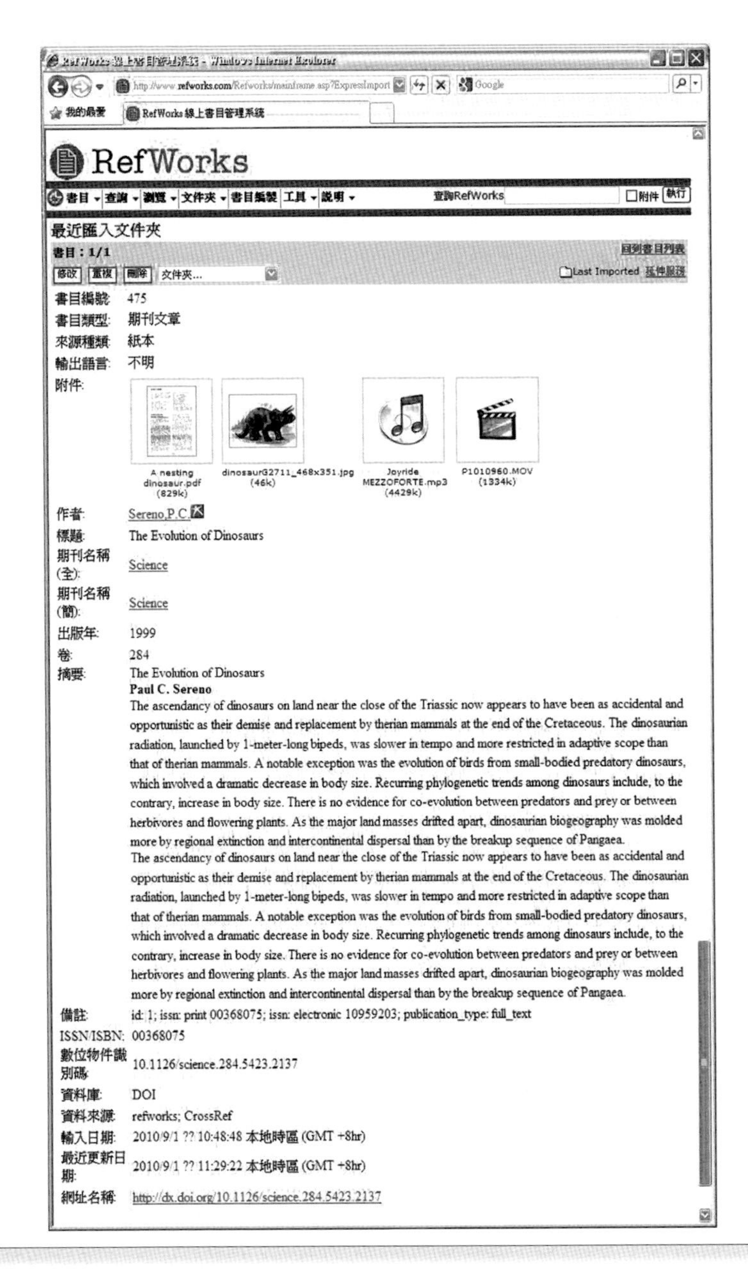

68 個人化圖書館-Google

每個人或多或少都會擁有書籍、雜誌、影片、音樂、照片、地圖等資料。除了透過前述的EndNote或是RefWorks進行管理之外，當然不能錯過的就是免費又好用的Google平台。

在Google平台上，我們同時是資訊提供者，也是資訊使用者：可以利用Google尋找各種資訊，也可以上傳並儲存自製的資料並供他人查詢。

-查詢資料：

- 「Google圖書」、「Google專利」和「Google學術」提供了書籍和學術論文方面的資料，「我的圖書館」可以收集喜愛的書籍。
- 「Google字典」和「Google翻譯」屬於參考工具，可多語言互譯及網頁整頁翻譯，還有發音功能，及時解決閱讀障礙。
- 「Google地圖」結合了地圖、衛星地圖、街景（street view），讓人身歷其境，不論是旅遊前的行程規畫，或是教師尋找輔助教材，都是很好的幫助。另外下載「Google地球」工具後還可以觀看3D影像，從不同的角度觀察地球上任何立面。

-免費工具和儲存空間：

- 「Picasa」和「YouTube」可以找到許多有趣和實用的照片、影片，還可以上傳自己想要保留和分享的作品。
- 「Google閱讀器」可以訂閱部落格、新聞、線上資料庫所發布的資料，直接鎖定資訊源，不必耗費力氣追蹤進度。
- 「Google文件」等於是線上的Office，可以撰寫文件、製作簡報、試算表，還能發佈線上問卷及回收問卷結果，也就是可在Google一邊查詢、一邊整理。

Google提供的服務不勝枚舉，兼具知識性和娛樂性，而且儲存在雲端，以一組帳號就可暢行無阻，相信每個人都能在此組織出自己的圖書館。

前進

- Google提供了完整的Saas免費雲端服務。
- 提供資料查詢以及免費工具及免費空間。
- 只要一個帳號就可以同時管理多種資訊源。

個人化雲端服務

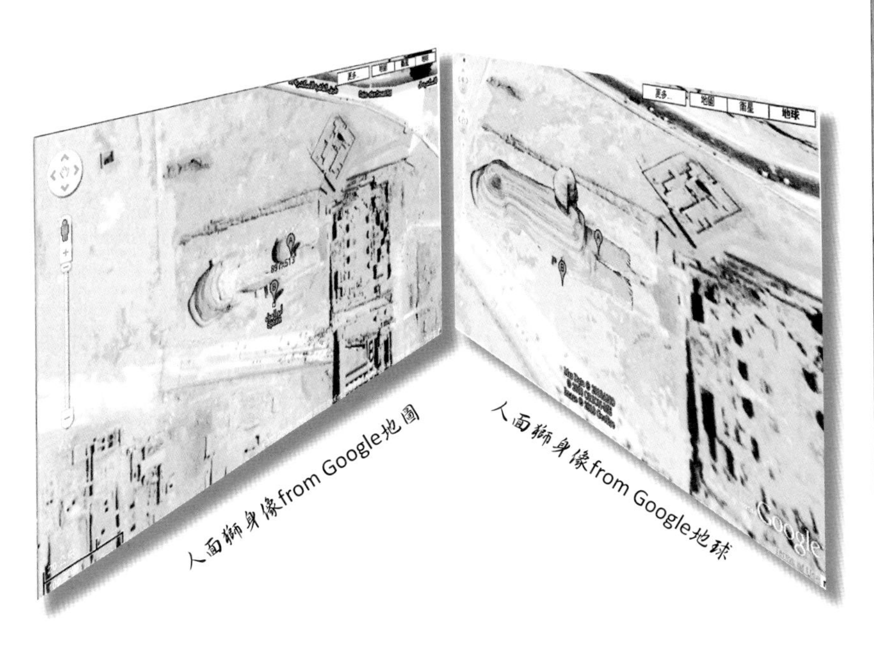

人面獅身像from Google地圖

人面獅身像from Google地球

Goodle的雲端服務集合了搜尋整理資料的各種工具。

参考資料

1. *Elsevier and Koninklijke Bibliotheek finalise major archiving agreement* 2010.
2. *Gutenberg: The History and Philosophy of Project Gutenberg by Michael Hart, Project Gutenberg*（1992）.
3. Digital Divide 數位落差（Wiki in Library and Information Science 2010/06/08 ed. 2010）.
4. *Long Tail* at http://en.wikipedia.org/wiki/Long_Tail.
5. NICHOLAS CARR, *Is Google Making Us Stupid? What the Internet is doing to our brains* ATLANTIC MAGAZINE.
6. NIRAJ CHOKSHI, *What Could Google Do With the Data? It's Collected*?, The Atlantic（2010）.
7. DIGITIMES，*電子書閱讀器顯示技術應用趨勢*，商情（2010）.
8. THE ECONOMIST, *The boom in printing on demand* The Economist.
9. EUGENE, *電子書的下一個難題：定價策略.*
10. JOHN LAIDLER, *Library use rises as economy falls*, The Boston Globe 2008.
11. DENNIS NISHI, *Comic-Con 2010: Comics Enter the eBook Era, The Wall Street Journal* (2010).
12. PETER OSNOS, *What Is Google Editions*?, The Atlantic (2010).
13. MOTOKO RICH, *Libraries and Readers Wade Into Digital Lending* The New York Times 2009/10/14. 2009.
14. CHRISTOPHER SCHUETZE, *Check it out-or click it out-from New York Public Library* New York Daily News.
15. LISA SIBLEY, *Cleantech Group report: E-readers a win for carbon emissions.*
16. JOHN SIRACUSA, *The once and future e-book: on reading in the digital age*, Ars Technica (2009).
17. JOHN SIRACUSA，*電子時代の書～過去そして未來，マガジン*（2010）.
18. BRAD STONE, *Amazon Erases Orwell Books From Kindle* The New York Times 2009.
19. RANDALL STROSS, *E-Book Wars: The Specialist vs. the Multitasker*, Business, The New

York Times (2010).

20. JESSICA E. VASCELLARO & JEFFREY A. TRACHTENBERG, *Google Readies Its E-Book Plan, Bringing in a New Sales Approach The Wall Street* Journal.

21. エド・ベイリー，*プライバシーに關する電子書籍バイヤーズガイド*（2009）.

22. 工藤ひろえ，*Google、この夏に「Googleエディション」開始～電子書籍販殼に參入*（2010）.

23. 大原けい，*Eブック版權をめぐるエージェントと出版社のバトル*，マガジン航（2010）.

24. 王文清 & **陈**凌，*CALIS数字图书馆云服务平台模型*，4 ***大学图书馆学报*** 13（2009）.

25. 王國政，*縮減數位落差創造數位機會*，3國家菁英季刊15（2007）.

26. 台北縣政府，*縮短數位落差主題服務網——緣起*，台北縣政府.

27. 白麟巖，*長尾理論在圖書館服務之驗證研究*，4 台灣圖書館管理季刊 80（2008）.

28. 行政院研究發展考核委員會，歷年數位落差調查報告（2010）.

29. 行政院新聞局編，*臺灣圖書出版業的投資與收益. In 97年圖書出版產業調查*，2008.

30. 何世湧，*電子書未來發展趨勢*，9806 工研院電子報（2009）.

31. 吳美美，*數位學習現況與未來發展*，30 圖書館學與資訊科學92（2004）.

32. 吳紹群，*Google Book Search對圖書館發展之影響*，3圖書資訊學刊83（2005）.

33. 李珞，*EP同步編輯流程數位化*，4月號 創新發現誌（2010）.

34. 林巧敏，國家圖書館電子資源館藏發展之研究（2008）國立臺灣大學）.

35. 林永清，et al.，*圖書館讀者E-Service使用與服務涉入程度之研究*，5台灣圖書館管理季刊 22（2009）.

36. 林俊劭，*電子書削價戰！年底降到三千元*，1185 商業週刊58（2010）.

37. 林珊如，*數位時代的圖書館價值*，14 中華民國圖書館學會會訊3（2006）.

38. 松永英明，*電子書籍は波紋を生む「一石」となる*，マガジン航（2010）.

39. 花湘琪 & 邱炯友，*電子出版品法定送存制度之國際發展與觀察*，94:1 國家圖書館館刊33（2005）.

40. 胡小菁 & 范并思，**云计算：给图书馆管理带来挑战**，4**大学图书馆学报**7（2009）.

41. 胡秀珠，*台灣將成為華文數位內容的供應中心*，4月號 創新發現誌 （2009）.

42. 胡秀珠，*出版可以很科技*4月號 創新發現誌（2010）.

43. 張甲，*Google化與圖書資訊業的前景*，15圖書館館刊 8（2006）.

44. 張瑋珊，*為13億人定義市場主流規格 電子書邁向中文標準化*，8月號 創新發現誌（2010）.

45. 張慧雯，*淺談電子書對大學圖書館的影響*14東吳大學圖書館通訊31（2002）.

46. 郭光宇，*雲端當空，圖書館再定義*，中國時報2010/06/06. 2010.

47. 郭祝熒, 數位權利管理（DRM）系統可行性研究-從技術、法律和管理三面向剖析（2007）國立政治大學）.

48. 陳可涵，*決戰電子書*，391 Taiwan News國際財經 & 文化月刊（2009）.

49. 陳姿延，*電子書低價時代來臨 最快今年底見99美元價位*，鉅亨網（2010）.

50. 陳昭珍，*數位學習與數位圖書館*，56書苑季刊46（2003）.

51. 章忠信，*公共借閱權——圖書館應補償作者的損失？*，33新知數位月刊（2008）.

52. 曾國華，*打造電子書產業　政院5年內望創造千億產值*，中央廣播電台（2009）.

53. 程良雄，*美國公共圖書館的經營管理*，30 書苑季刊1（1996）.

54. 程蘊嘉，*電子書出版與圖書館發展*，80/81出版界26（2007）.

55. 黃宣宜，*電子書——紙張化顯示器應用發展*，37 光連雙月刊14（2002）.

56. 黃紹麟，*漫談電子書（一）賣書的生意還能做多久* 數位之牆.

57. 黃紹麟，*漫談電子書（二）傳統出版社的價值不再* 數位之牆.

58. 黃紹麟，*漫談電子書（三）從iPad談電子書閱讀器* 數位之牆.

59. 黃紹麟，*部落格作者如何保護個人品牌* 數位之牆.

60. 黃瀅芳，*電子書讓您免費帶著走：EPub格式電子書介紹* 國立臺灣大學圖書館館訊.

61. 楊美華 & 程蘊嘉，*電子書營運模式與圖書館採購*，88 全國新書資訊月刊42（2006）.

62. 編集部，*電子書籍のプライバシーポリシー一覧*（2010）.

63. 蔡郁薇，2009電子書閱讀器消費者調查—應用現況、偏好及未來需求　（資策會FIND 2009）.

64. 蔡郁薇，白領族群對於電子書硬體價格接收度高 小學生則展現高度使用興趣（資策會FIND 2010）.

65. 鄭呈皇，*電子書大商機*，1135 商業周刊（2009）.

66. 鄭秋蘋，et al., *電子書閱讀器進入百家爭鳴的時代* 台灣區電機電子工業同業公會電子報.

67. 蘇小鳳，*學術電子書之利用與使用者評估初探*，71 中國圖書館學會會報 149（2003）.

68. 蘇秀慧，*政院砸21億 電子書產業點火*，經濟日報2009.

69. **刘炜，图书馆需要一朵怎样的**「云」？，4**大学图书馆学报**2（2009）.

索引